彩图1　湖羊舍饲养殖

彩图2　湖羊群体

彩图3　南江黄羊种公羊

彩图4　南江黄羊放牧饲养

彩图5　波尔山羊（公羊）

彩图6　波尔山羊（母羊）

彩图7　努比亚山羊（黑色类群）

彩图8　努比亚山羊（简阳大耳羊类群）

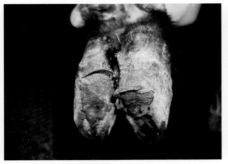
彩图9 羊口蹄疫症状 蹄叉溃烂发炎

彩图10 羊口蹄疫症状 口腔起疱发炎

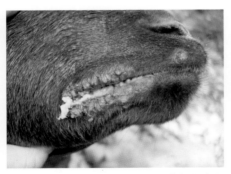
彩图11 羊传染性脓疱症状 嘴角发炎和化脓

彩图12 羊传染性脓疱症状 嘴巴赘肉增生

彩图13 羊传染性脓疱症状 蹄部炎症增生

彩图14 羊传染性脓疱症状 外阴部炎症增生

彩图15 山羊痘症状 耳朵长痘

彩图16 山羊痘症状 外阴部长痘

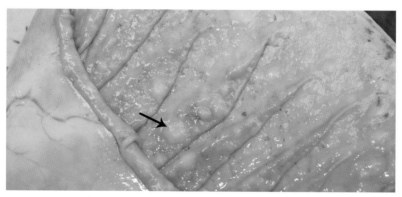

彩图17 山羊痘病变 皱胃黏膜形成结节病变

彩图18 羔羊大肠菌病症状 排黄色稀粪
黏附于肛门口

彩图19 羔羊大肠杆菌病变 皱胃充满乳
白色液体

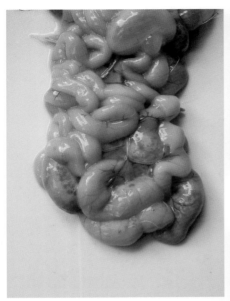

彩图20　羔羊大肠杆菌病变　小肠内充满黏液和气泡

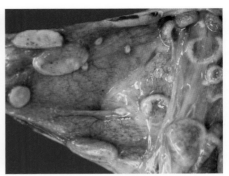

彩图21　羊布鲁氏菌病病变　流产胎盘出血水肿

彩图22　羊伪结核棒状杆菌病症状　颌下淋巴结肿大

彩图23　羊伪结核棒状杆菌病症状　切开脓肿流出干酪样内容物

彩图24　羊传染性角膜炎症状　眼结膜混浊

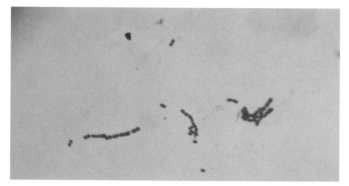

彩图25 羊链球菌病诊断 显微镜下羊链球菌形态

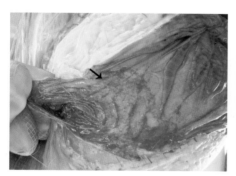

彩图26 羊快疫病变 皱胃黏膜有弥漫性出血斑

彩图27 羊肠毒血症病变 小肠黏膜出血严重

彩图28 羔羊痢疾症状 羔羊出现顽固性腹泻

彩图29 羔羊痢疾病变 皱胃有一些溃疡灶

彩图30　羊传染性胸膜肺炎症状　鼻流脓性分泌物

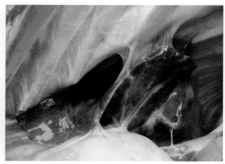

彩图31　羊传染性胸膜肺炎症状　肺出现与肋骨粘连现象

彩图32　羊传染性胸膜肺炎症状　肺出现肉样病变

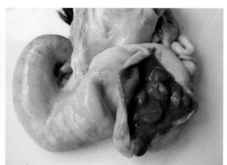

彩图33　羊衣原体病变　流产母羊出现子宫内膜炎

彩图34　羊衣原体症状　羔羊四肢关节肿大

彩图35　羊衣原体症状　眼睑水肿

彩图36　羊钩端螺旋体病症状病羊眼结膜黄染

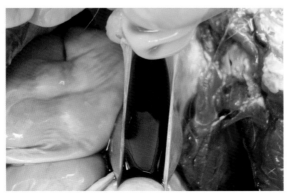

彩图37　羊钩端螺旋体病症状病羊膀胱尿液为暗红色

彩图38 羊片形吸虫病症状 排
糊状稀粪

彩图39 羊片形吸虫病症状 颌
下皮肤水肿

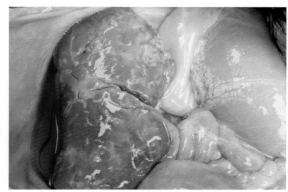

彩图40 羊片形吸虫病变 肝
硬化、腹水增多

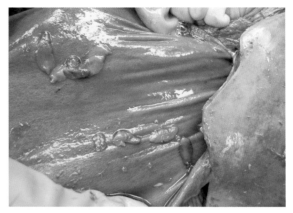

彩图41　羊肝片吸虫病变　胆管内有大量虫体

彩图42　羊胰阔盘吸虫诊断　羊胰阔盘吸虫的虫体形态

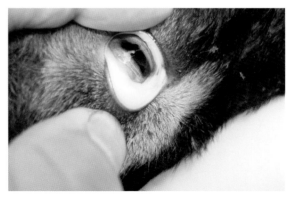

彩图43　羊捻转血矛线虫病症状　眼结膜贫血苍白

彩图44 羊捻转血矛线虫病病
变 皱胃壁上有大量
粉红色虫体

彩图45 羊前后盘吸虫病病变
羊瘤胃黏膜上黏附一
些粉红色虫体

彩图46 羊莫尼茨绦虫病症状
病羊顽固性腹泻和消
瘦

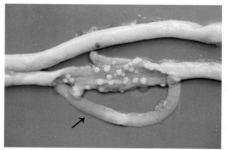

彩图47　羊莫尼茨绦虫病病变　肠道内虫体形态

彩图48　羊脑包虫病症状　病羊出现头顶墙壁的脑神经症状

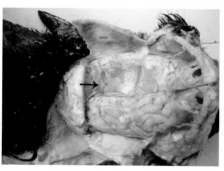

彩图49　羊脑包虫病病变　羊脑内有积水囊

彩图50　羊球虫病病变　小肠炎症严重

彩图51　羊瘤胃积食　羊瘤胃内有异物阻塞

彩图52　羊瘤胃臌气症状　羊腹部左侧隆起明显

彩图53 羊胃肠炎病变 小肠内充满水样内容物

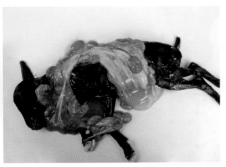

彩图54 羊流产症状 流产胎儿及胎衣

彩图55 母羊流产症状 从阴户排出粉红色的带状物

彩图56 母羊子宫内膜炎症状 从阴户排出黄白色的分泌物

彩图57 羊慢性乳房炎 乳房肿大和变硬

彩图58 羊支气管肺炎症状 病羊流鼻涕

彩图59　羊支气管肺炎病变　肺出现局灶性炎症

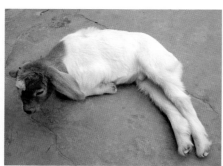

彩图60　羔羊白肌病症状　软脚无力

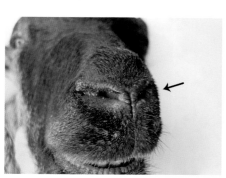

彩图61　羊有机磷中毒症状　鼻孔流血

彩图62　羊有机磷中毒病变　瘤胃黏膜脱落

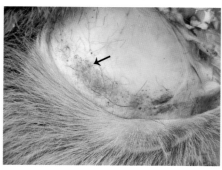

彩图63　羊有机磷中毒病变　皮下有出血点

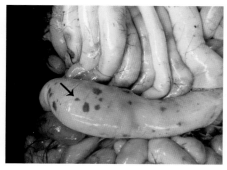

彩图64　羊有机磷中毒病变　肠壁有出血点

南方肉羊

经济养殖配套技术

刘远 等 编著

中国农业出版社

农村读物出版社

北京

内容简介

　　本书主要由福建省农业科学院畜牧兽医研究所草食动物研究室成员编著。内容主要包括我国南方肉羊业发展概况，南方地区适宜养殖的肉羊品种，南方羊场建设与羊舍配套设施，南方肉羊高效饲养管理技术，肉羊营养需要与日粮配制，南方牧草高效种植与利用，南方粗饲料资源加工技术，南方肉羊常见疫病防治技术，南方肉羊养殖经济效益分析以及南方地区集约化羊场经营与管理等。本书针对我国南方肉羊养殖的各个环节进行了系统介绍，内容通俗易懂、实用性强，可供南方地区广大养殖户、羊场专业技术人员以及畜牧相关专业师生参考阅读。

编著者名单

刘　远　　李文杨　　朱银城　　霍俊宏　　吴贤锋

沈华伟　　谢周勋　　毛坤明　　甘善化　　占今舜

刘招平　　吴小华　　张　莹　　张宏盛　　陈　晗

陈上永　　陈长福　　林　枫　　林东文　　钟东林

游洪通　　蔡　薇　　蔡火长

前　言

　　随着社会的发展，我国羊肉的产量和消费量持续迅速增长，羊肉在我国肉类产量中的比重从 1980 年的 3.7% 提高到 2016 年的 5.4%，羊产业的产值占畜牧业总产值的比重提高到约 7%，羊产业在畜牧业中的地位稳步上升。北方牧区长期以来都是我国养羊业发展的基础，养殖模式成熟，养殖水平高。而我国南方农区粮食和秸秆丰富，且拥有山区草山草地自然资源和水热条件优势，具有发展肉羊产业的巨大潜力。南方地区的羊产业以肉羊产业为主，全面提高肉羊养殖技术水平，对南方地区发挥优势、促进畜牧业结构调整具有重要意义。

　　虽然我国南方地区肉羊养殖的优势明显，但在生产中也存在一些问题。第一，地理环境复杂多样，平原、丘陵、高海拔山区等地势条件下羊舍的建筑工艺和配套设施需要因地制宜，才能满足肉羊的高效生产；第二，品种资源丰富，各地适宜养殖的品种在营养需要、饲养管理条件等方面存在差异；第三，丰富的粗饲料资源需要科学合理利用以及配套高效加工技术，才能降低养殖成本，提高养殖收益；第四，寄生虫病、传染病等疫病防控技术薄弱，影响肉羊的健康养殖；第五，南方地区肉羊消费的季节性、选择性依然存在，应针对性地组织肉羊生产，实现经济效益最大化；第六，养殖经营粗放，养殖水平参差不齐，可供实践养羊技术的参考资料偏少。这些制约南方地区肉羊生产的问题还需要进一步改进和完善，传统的养殖观念也需要转变。

肉羊养殖作为一种经营行为，经济收益是其核心问题。作者紧紧围绕这一问题，通过收集、整理近年来南方肉羊养殖的相关研究成果，结合养羊生产实践，编写了这本《南方肉羊经济养殖配套技术》。本书共有十章。第一章，我国南方肉羊业发展概况；第二章，南方地区适宜养殖的肉羊品种；第三章，南方羊场建设与羊舍配套设施；第四章，南方肉羊高效饲养管理技术；第五章，肉羊营养需要与日粮配制；第六章，南方牧草高效种植与利用；第七章，南方粗饲料资源加工技术；第八章，南方肉羊常见疫病防治技术；第九章，南方肉羊养殖经济效益分析；第十章，南方地区集约化羊场经营与管理。为了增加本书部分技术的可操作性，全书除了详尽的文字描述外，还配备了彩图和简要插图供读者参考。

本书的出版得到了福建省农业科学院出版专项基金的支持，书中疫病图片由福建省农业科学院畜牧兽医研究所诊疗中心江斌高级畜牧师提供。本书编写过程中还得到了福建省宁化县群益现代农业有限公司、福建海宏达生态农业有限公司、福建省祺云农牧有限公司等肉羊规模化养殖企业的帮助，在此深表感谢！

由于时间仓促，学识水平有限，书中不足和错误之处在所难免，恳请读者和同行提出宝贵意见。

编　者

目 录

前言

第一章

我国南方肉羊业发展概况

第一节　南方地区自然环境与肉羊生产

我国南方地区指位于秦岭、淮河以南，青藏高原以东地区，包括华东、华中、华南和西南地区，行政区划包括江苏、安徽、湖南、湖北、四川、云南、贵州、广东、福建、江西、浙江、海南、台湾 13 个省，重庆、上海 2 个直辖市和广西壮族自治区，以及香港、澳门 2 个特别行政区（文中简称南方，但统计分析数据不包括香港、澳门和台湾），共 1 416 个县（市、区），土地面积 262.76 万 km²，占我国国土面积的 27.6%，人口数大约 7.7 亿，占我国总人口数的 57.4%。

羊是适应性十分强的动物，能在不同生态环境条件下生存。无论是在寒冷的北方地区还是在炎热的南方地区，无论是在山区还是平川区，无论是在牧区还是农区，都有羊的存在和饲养。羊是草食家畜，采食范围相当广泛，不仅可以利用大多数牧草，而且可以利用灌木、农作物秸秆和粗纤维含量高的农副业加工产品等。羊喜攀岩，可在其他草食家畜不能利用的高山、草坡山进行正常采食和放牧养殖。羊的合群性好、耐粗饲，生产管理极为方便，南方各山区、平原均有肉羊养殖的传统。由于南方地理环境复杂，以丘陵、山地为主，区内河川众多，相互隔离，形成了相对封闭的小环境，再加上气候湿润、无霜期长、雨量充沛，农作物丰富，牧草繁多，有适宜羊生长发育的条件。因此，我国南方地区肉羊遗传资源十分丰富。

我国南方肉羊养殖以山羊为主。2016 年，全国羊的存栏量约为 3 亿只。其中，南方山羊存栏量约占全国羊存栏量的 20%。2016 年，全国羊的出栏量约为 3.1 亿只。其中，南方山羊出栏量占全国羊出栏总量的 26% 左右。近年来，南方肉羊生产条件好的省份，如安徽、云南、湖北等羊肉产量均稳步上升。整体而言，我国肉羊产业"发展基础在北方牧区，发展潜力在农区，发展希望在南方草山草地"的趋势日益彰显。

第二节　南方地区发展肉羊养殖的优势

1. 肉羊遗传资源丰富

我国南方地区羊的遗传资源极为丰富，包括 50 个地方固有品种或类群（表 1-1）以及培育的新品种和引进品种（详见第二章）。这些遗传资源对当地气候的适应性强，生产性能各具特色，为开展杂交改良和新品种培育提供了丰富的素材。同时，我国南方地区普遍有养羊的传统习惯和庞大的本地羊群体，为肉羊的商品化生产打下了坚实基础。

表 1-1　南方各省（自治区、直辖市）主要羊品种资源

省（自治区、直辖市）	品种数（个）	山羊		绵羊	
		数量（个）	品种	数量（个）	品种
云南	15	9	凤庆无角黑山羊、圭山山羊、龙陵黄山羊、罗平黄山羊、马关无角山羊、弥勒红骨山羊、宁蒗黑头山羊、云岭山羊、昭通山羊	6	迪庆绵羊、兰坪乌骨绵羊、宁蒗黑绵羊、石屏青绵羊、腾冲绵羊、昭通绵羊
四川	10	10	西藏山羊、白玉黑山羊、板角山羊、北川白山羊、成都麻羊、川南黑山羊、川中黑山羊、古蔺马羊、建昌黑山羊、美姑山羊	—	—

（续）

省（自治区、直辖市）	品种数（个）	山羊		绵羊	
		数量（个）	品种	数量（个）	品种
重庆	5	5	渝东黑山羊、大足黑山羊、酉州乌羊、川东白山羊、板角山羊	—	—
贵州	4	3	贵州白山羊、贵州黑山羊、黔北麻羊	1	威宁绵羊
湖北	3	3	麻城黑山羊、马头山羊、宜昌白山羊	—	—
江苏	3	2	长江三角洲白山羊、黄淮山羊	1	湖羊
福建	3	3	戴云山羊、福清山羊、闽东山羊	—	—
湖南	2	2	马头山羊、湘东黑山羊	—	—
广西	2	2	都安山羊、隆林山羊	—	—
浙江	2	1	长江三角洲白山羊	1	湖羊
江西	2	2	赣西山羊、广丰山羊	—	—
上海	2	1	长江三角洲白山羊	1	湖羊
安徽	1	1	黄淮山羊	—	—
广东	1	1	雷州山羊	—	—
海南	1	1	雷州山羊	—	—
合计	50	42		8	

注：长江三角洲白山羊、湖羊在江苏、浙江和上海都有分布；黄淮山羊在江苏和安徽都有分布；雷州山羊在广东和海南都有分布。所以，在此不重复计数。

2. 饲草饲料资源丰富

可供肉羊养殖的饲草饲料资源丰富（表1-2）。与北方草地相比，南方草地具有牧草生长期长、草产量高等特点，蕴藏着巨大的肉羊生产潜力。同时，南方各省（自治区、直辖市）农业基础好，各种经济作物种植广泛，尤其是玉米、花生等农作物种植面积大，能够为肉羊养殖提供玉米秸秆、花生秧等优质的粗饲料资源。据统计，南方地区平均每年的秸秆产量达 28 821.22 万 t，为肉羊养殖业的发展提供了良好支撑。

表 1-2 中国南方各省（自治区、直辖市）草地资源

地区	天然草地面积 （×10⁶ hm²）	可利用草地面积 （×10⁶ hm²）	牧草地 （×10⁴ hm²）
四川	20.38	17.75	1 371.10
云南	15.31	11.93	78.20
广西	8.70	6.50	71.60
湖南	6.37	5.67	10.40
湖北	6.35	5.07	4.40
江西	4.44	3.85	0.40
贵州	4.29	3.76	159.80
广东	3.27	2.68	2.70
浙江	3.17	2.08	0
重庆	2.05	1.96	23.70
福建	2.16	1.87	0.30
安徽	1.63	1.49	2.80
海南	0.95	0.84	1.90
江苏	0.41	0.33	0.10
上海	0.07	0.04	0

3. 水热条件优势

南方地区具有水热资源优势，以热带、亚热带气候为主，夏

季高温多雨、冬季温和少雨、雨热同期，无霜期长，有利于农作物和牧草生长。南方草地单位面积生产力高，人工草地干物质产量可达 500～700 kg，单位面积的载畜量是北方的 5～7 倍。

4. 羊肉消费市场优势

羊肉具有高蛋白、低脂肪和低胆固醇等健康食材特性，随着国民生活水平的提高及自身保健意识的增强，中国城乡居民对羊肉的需求量不断增加，户内消费与户外消费并存，且呈现出显著的消费多样性。羊肉在国民经济生活中已经不可或缺，羊肉季节性消费习惯也在逐渐淡化，羊肉（特别是各地特色地方品种）价格持续快速上涨。当前，与北方相比，南方养羊业发展相对规模小、产业化水平低，还有很大的发展空间，肉羊养殖产业的市场优势日益彰显。

5. 政策优势

为促进肉羊产业发展，国家及各地出台了多项优惠政策。在交通、新能源、农田水利、生态、环保、科技进步与创新、产业结构调整升级、农业产业化开发、羊标准化规模健康养殖和移民安置、扶贫等方面，都可获得国家与地方财政多种项目和资金支持。一些地方为鼓励投资兴业，促进经济持续、快速、健康发展，提出了土地优惠、财税减免、项目补贴、物流补贴、基础设施配套、贷款贴息、创新增效奖励等多项优惠政策，极大地激发了广大民众投身养羊业的热情。

第三节 南方地区肉羊饲养模式

南方地区肉羊饲养模式包括三种：全放牧饲养模式、半放牧半舍饲饲养模式和全舍饲饲养模式。在草场条件好的南方山区，小规模肉羊的饲养多以全放牧饲养为主。在农作物秸秆资源丰富的农区和山区，养殖规模较大的养殖场多采用半放牧半舍饲饲养。全舍饲饲养对品种、饲养条件等要求较高，目前也有少数养殖企业或养殖大户采用全舍饲饲养模式养殖湖羊、简阳大耳羊等舍饲适应性好的品种。南方地区肉羊的生产实践中，只有根据养殖品种、养殖地点生态地理环境和饲草资源状况合理地选择饲养方式，控制养殖规模，才能获取最优的经济效益。

1. 全放牧饲养模式

全放牧饲养模式是除大雨、台风等恶劣天气外，羊群全年都在天然草场放牧的饲养模式，养殖人员基本或很少给羊群补饲。主要依赖天然草原、林间和林下草地、灌丛草地等牧草资源。这种全放牧饲养模式投资小、饲养成本低，养殖效果取决于草畜的平衡，关键在于控制羊群数量，科学合理地保护和利用草场。应在冬、春季天然牧草枯黄期进行适当补饲，以及加强繁殖母羊妊娠后期和哺乳期的饲养管理，避免母羊奶水质量差和恶劣环境造成的新生羔羊损失。羊群放牧有利于减少羊只疫病发生，但大大增加了寄生虫的感染概率。因此，还要根据羊群寄生虫感染情况进行定期预防性驱虫。随着生态环境保护的加强以及肉羊高效率生产的需要，全放牧饲养模式应科学组织放牧管理，兼顾养羊生产和草地生产性能，以取得良好的经济效益和生态效益。

2. 半放牧半舍饲饲养模式

肉羊的半放牧半舍饲饲养模式结合了放牧和舍饲的优点，可充分利用自然资源，产生良好的经济效益和生态效益，适合于养殖各种生产方向和品种类型的肉羊品种，也是南方农区、山区和丘陵地带广泛采用的一种养羊生产模式。在生产实践中，要根据不同季节牧草生产的数量和品质、羊群本身的生理状况，规划不同季节的放牧和舍饲强度，确定每天放牧的时间以及羊只饲喂次数和数量。一般情况下，在草场资源丰富的地区，夏、秋季节天然草场牧草生长茂盛，羊群放牧即可满足营养需要，可不补饲或少补饲。而在牧草枯黄的冬、春季，必须加强补饲。为了满足生产需要，缩短肉羊的育肥期，也可在夏、秋季适当补饲。

半放牧半舍饲饲养模式的效果取决于当地草场和农作物资源状况，关键在于夏、秋季的草料储备。如果能根据养殖品种合理种植牧草，并加工和储存农作物秸秆等青绿饲料用于冬、春季的补饲，可获得良好的经济收益。目前，在部分有条件的南方山区出现了一种新型半放牧半舍饲饲养模式，养殖者将一定区域的山坡草地进行围挡隔离，羊群全年采用舍饲定量、定次饲喂，白天将饲喂后的羊群放入隔离的山坡草地自由放牧，晚间归牧后再进行饲喂。采用该养殖模式，一方面满足了羊放牧的生活习性，有利于羊只生长和控制疫病发生；另一方面避免了羊群对天然草场的破坏和营养依赖，充分满足羊只营养均衡需要，实现羊群高效生产。

3. 全舍饲饲养模式

全舍饲饲养模式是将羊群圈在羊舍中饲养，适合部分适宜圈养的羊品种（湖羊、简阳大耳羊等）和在缺乏放牧草场的南方农区，或肉羊的集约化、规模化育肥。这种饲养模式由于实施全舍饲，可减少羊只放牧游走的能量消耗，有利于肉羊育肥，也可以减轻天然草场的压力，但不能通过放牧形式利用牧草资源，人力物力消耗大，养殖成本高。要求有丰足的粗饲料来源、生产条件好的羊舍和配套设施以及一定面积的运动场。因此，要种植大面积的饲料作物，收集和储备大量青绿饲料及秸秆等粗饲料，才能保证全年饲草的均衡供应。南方地区采用全舍饲饲养模式进行肉羊生产，主要取决于养殖品种、羊舍等生产设施状况以及饲草料资源，关键在于羊群营养平衡、疫病防控和环境条件等多种生产要素的综合控制。

第四节　南方肉羊产业面临的主要问题

1. 羊良种繁育体系不健全

羊选育和杂交利用工作缺乏有效的规划与指导，品种选育技术仍十分落后。在南方各省份，种羊场普遍存在规模小、生产设施简陋、技术力量薄弱等问题，导致了羊供种能力弱、良种化水平低，"重引进、轻选育"的现象突出，甚至部分地方羊品种（群体）数量下降，处于濒危、灭绝的边缘。

2. 饲草料资源综合利用率低

南方地区牧草资源丰富，开发潜力较大，但部分当地农民因人口、粮食和耕地矛盾的加剧毁林毁草开荒，使草地资源遭到严重破坏；也因地理条件和动物养殖分布等原因，使得实际利用率只有25%～30%。南方秸秆资源丰富，以玉米秸、稻草和小麦秸为主，年产秸秆近3亿t，但利用率很低，只有37%左右，其余基本以焚烧处理为主，不但浪费而且造成了严重的环境污染。另外，其他羊喜食的花生秧、豆秸等优质秸秆饲料也因收集、保存、加工和调制技术的缺乏，没有得到充分利用。虽然南方草地的天然牧草种类繁多，但其营养价值较低，以致牧草实际可利用率低。

3. 养殖规模小，产业化经营水平低

南方大部分地区肉羊产业并无龙头企业带动，仍以养殖合作社和小规模分散饲养、粗放的农户经营模式为主。饲养模式以放牧为主，存在管理粗放、生产结构混乱、杂交混乱、技术含量低、生产周期长、经济效益偏低、标准化和规模化养殖程度低的问题。这种分散饲养、零散经营的生产和管理方式在市场经济迅速发展的今天，抗风险能力差、收益慢，不能充分有效地利用当地资源。

4. 地理和气候原因不利于肉羊标准化养殖技术推广

南方以丘陵、山地为主，不利于机械化操作；夏季炎热潮湿，冬季阴冷，肉羊标准化规模化养殖技术推广困难，致使肉羊养殖成本尤其是人工成本居高不下。

5. 羊肉消费需求复杂多样，终端销路制约养殖收益

长期以来，羊肉并不是南方居民的主要肉类食品，对羊肉的消费习惯也具有很强的地域性和季节性，导致非消费季节适宜出栏羊只无法正常上市销售，增加了养殖成本和养殖风险。同时，大部分地方品种的认可区域十分有限，仅仅得到本县或本镇消费者的认可，无法进一步扩大养殖规模。这些造成终端销路严重制约养殖生产和经济收益，也提示养殖者在从事养殖生产前需要进行深入的市场分析。

第二章

南方地区适宜养殖的肉羊品种

我国南方地区幅员辽阔，区域内地理、气候条件千差万别，在长期生产实践中经自然选择和人工培育形成了丰富的肉羊品种遗传资源，包括 60 多个各地区培育的新品种、原地方固有品种（或类群）和引进品种。还相继引进了波尔山羊、杜泊羊等国外肉用性能优异的绵、山羊品种进行生产。

肉羊生产的目的是为市场提供优质的羊肉产品，而南方各地区在羊肉消费上的多样性十分明显，所以养殖品种的选择显得尤为关键。因此，应该结合当地羊肉消费习惯，根据养殖条件和生产能力，选择当地或市场认可度高、生长速度较快的品种进行养殖。

本章根据我国南方地区的地方绵羊和山羊品种遗传资源情况以及现有养殖的引进品种进行介绍，供养殖者在品种选择时参考。

第一节　绵羊品种

1. 湖羊

(1) 品种概况

湖羊是我国特有的白色羔皮用绵羊地方品种，但由于其高繁殖特性、耐粗饲和适合舍饲养殖等优点，近年来作为肉用羊品种在全国范围推广养殖，取得了较好的效果。湖羊的中心产区位于太湖流域的浙江、江苏和上海等地。湖羊全身被毛为白色。体格中等，头狭长而清秀，鼻骨隆起，公、母羊均无角，眼大凸出，多数耳大下垂。颈细长，体躯长，胸较狭窄，背腰平直，腹微下垂，四肢偏细而高。母羊乳房发达，公羊体型较大，前躯发达。

（2）肉用性能

湖羊早期生长发育快，在正常的饲料条件和管理下，6 月龄羔羊可达成年羊体重的 70％以上，1 周岁时可达成年羊体重的 90％以上。其体重和体尺等生长情况见表 2－1。

表 2－1 湖羊生长期和成年平均体重、体尺

（引自《中国畜禽遗传资源志·羊志》）

年龄	性别	体重（kg）	体高（cm）	体长（cm）	胸围（cm）	胸深（cm）	胸宽（cm）	尾宽（cm）	尾长（cm）
8～10 月龄	公	45.2	67.9	73.5	81.2	28.9	21.6	12.2	13.6
	母	36.3	64.2	65.3	79.0	27.2	20.6	12.9	13.1
成年	公	79.3	76.8	86.9	102.0	36.5	28.0	20.4	20.2
	母	50.6	67.7	74.8	89.4	30.6	23.1	15.9	17.2

湖羊肌肉中含粗蛋白质 18.71％、粗脂肪 2.38％，必需氨基酸种类齐全，赖氨酸、亮氨酸、缬氨酸和苏氨酸等氨基酸的含量均较丰富。其中，赖氨酸含量占必需氨基酸总量的 31.7％。湖羊屠宰性能优异，8～10 月龄的屠宰性能见表 2－2。

表 2－2 8～10 月龄湖羊屠宰性能

（引自《中国畜禽遗传资源志·羊志》）

性别	宰前活重（kg）	胴体重（kg）	屠宰率（％）	净肉重（kg）	净肉率（％）	骨重（kg）	肉骨比
公	45.2	24.2	53.5	19.3	42.7	4.9	3.9
母	36.6	19.1	52.6	15.7	43.3	3.3	4.8

（3）繁殖性能

湖羊性成熟早，公羊为 5～6 月龄，母羊为 4～5 月龄；初配年龄，公羊为 8～10 月龄，母羊为 6～8 月龄。母羊四季发情，以 4—6 月和 9—11 月发情较多，发情周期为 17 d，妊娠期为 146.5 d；繁殖力强，一般每胎产羔 2 只以上，多的可达 6～8 只，经产母羊平均产羔率为 277.4%，一般两年产 3 胎。羔羊初生重，公羔为 3.1 kg，母羔为 2.9 kg；45 日龄断奶重，公羔为 15.4 kg，母羔为 14.7 kg。羔羊成活率为 96.9%。

（4）养殖评价

湖羊是世界著名的多羔绵羊品种，具有性成熟早、繁殖力高、四季发情、前期生长速度较快、耐湿热、耐粗饲、适应性强等优良特性，尤其是多羔性的遗传性能稳定。相对于山羊来讲，绵羊对热的耐受能力较差，湖羊是南方地区少有的能适应热环境的绵羊品种。根据文献报道，湖羊除了能适应我国北方气候，在我国福建、广西等热带、亚热带气候地区也能保持很强的适应性和高生产水平。适宜在粗饲料资源丰富的地方进行舍饲。

2. 其他地方绵羊品种

绵羊耐湿热能力不如山羊，因此南方绵羊地方品种数量和养殖量均远远低于北方。除湖羊外，还有云南省的迪庆绵羊、兰坪乌骨绵羊等 6 个地方绵羊品种以及贵州省的威宁绵羊。这些地方品种虽然能很好地适应当地气候环境和生产条件，但多数品种由于长期处于农户自繁自养状态、生产性能较差等因素，分布范围十分有限，大部分处于保种状态。

（1）南方地区其他地方绵羊品种概况

除湖羊外，南方地区的其他地方绵羊品种主要集中在我国云贵高原。云贵高原属亚热带湿润区，为亚热带季风气候，气候差别显著。也正是丰富多样的自然环境和森林植被类型造就了生物的多样性，孕育了 7 个在体型外貌、生产特点上各具特色的地方绵羊品种（表 2-3）。

表 2 - 3　我国南方主要地方绵羊品种分布和体型外貌特征

(引自《中国畜禽遗传资源志·羊志》)

品种	中心产区	用途	体型外貌特征
威宁绵羊	贵州省威宁县	毛肉兼用	被毛以白色为主，少数为黑色和花色。结构紧凑，体格中等。公羊多数有角，母羊多为退化的小角。体躯呈圆筒状、前低后高，肋开张，背腰平直。四肢骨骼较细，腿较长，蹄呈蜡黄色。短瘦尾
迪庆绵羊	云南省迪庆藏族自治州	毛肉兼用	被毛以黑褐色、黑白花、白色为主，头、四肢为黑褐色。体格小。公、母羊均有角，公羊角大，呈粗螺旋状、镰刀状；母羊角小。颈短细，体躯短圆，背腰平直。四肢短粗，蹄小圆、结实，呈黑褐色。尾短、瘦小，呈叶形
兰坪乌骨绵羊	云南省兰坪白族普米族自治县	肉用	被毛为异质粗毛，头及四肢覆盖差。公、母羊多数无角。胸宽深，背腰平直，体躯较长。四肢长而粗壮有力。尾短小，呈圆锥形。眼结膜呈褐色，腋窝皮肤呈紫色，口腔黏膜、犬齿和肛门呈乌色。解剖后可见骨膜、肌肉、气管、肝、肾、胃网膜、肠系膜和皮下等呈乌色。随年龄增长，不同组织器官黑色素沉积顺序和程度有所不同
宁蒗黑绵羊	云南省宁蒗彝族自治县	毛肉兼用	全身被毛黑色，额顶部有白斑者多，被毛异质。体格较大，结构匀称。公羊有粗壮螺旋形角；母羊无角或仅有螺旋形角。体躯近长方形，胸宽深，背腰平直，腹大充实，尻部匀称。四肢粗壮结实，蹄质坚实。尾细而稍长
石屏青绵羊	云南省石屏县	毛肉兼用	毛被覆盖良好，颈、背、体侧被毛以青色为主，头部、腹下、前肢腕关节以下、后肢飞节以下毛短而粗，为黑色刺毛。体格中等，结构匀称。公、母羊大多数无角。四肢细长，蹄质坚实、多为黑色。尾短而细

（续）

品种	中心产区	用途	体型外貌特征
腾冲绵羊	云南省腾冲县	毛肉兼用	头、四肢、体躯全白毛者占20%；头和四肢为花色斑块者占80%。体格高大，体躯较长，体质结实。公、母羊均无角。四肢粗壮，肌肉发达适中。尾呈长锥形
昭通绵羊	云南省昭通市	毛肉兼用	被毛多为白色，头、四肢以黑花为主，体质结实，结构良好，骨骼健壮，肌肉丰满。一般无角。尾呈锥形

（2）肉用性能

绵羊产业生产方向由单纯的毛用转为肉毛兼用或完全肉用的格局已经形成。以毛用为主的地方绵羊品种的生长速度、屠宰性状等肉用性能指标直接影响品种的养殖经济收益。表2-4和表2-5分别列出了南方地区部分地方绵羊品种成年羊体重体尺指标和屠宰性能指标，可以为养殖者在养殖品种选择方面提供参考。

表2-4　南方部分地方绵羊品种成年羊体重体尺指标

（引自《中国畜禽遗传资源志·羊志》）

品种	性别	体重（kg）	体高（cm）	体长（cm）	胸围（cm）	尾宽（cm）	尾长（cm）
兰坪乌骨绵羊	公	47.0	66.5	71.0	84.8	3.1	19.7
	母	37.3	62.7	68.4	78.5	2.8	18.2
宁蒗黑绵羊	公	42.55	64.63	67.95	83.13	4.38	20.03
	母	37.84	61.76	65.88	79.13	3.90	19.19
石屏青绵羊	公	35.8	61.49	63.57	79.80	4.19	18.60
	母	33.8	60.90	61.33	78.20	3.69	18.65

（续）

品种	性别	体重 （kg）	体高 （cm）	体长 （cm）	胸围 （cm）	尾宽 （cm）	尾长 （cm）
腾冲 绵羊	公	50.98	68.08	72.40	90.75	5.60	29.45
	母	48.36	66.71	68.65	88.19	5.44	27.52
昭通 绵羊	公	46.30	60.57	66.87	87.13	3.60	17.37
	母	41.55	59.59	65.67	84.73	3.84	18.34

表 2-5　南方部分地方绵羊品种屠宰性能指标

（引自《中国畜禽遗传资源志·羊志》）

品种	性别	宰前活重 （kg）	胴体重 （kg）	屠宰率 （%）	净肉率 （%）	肉骨比
迪庆绵羊	公	24	10.56	44.00	32.42	2.8
	母	22	10.10	45.91	34.14	2.9
兰坪乌骨绵羊	公	46.30	22.76	49.16	40.90	4.95
	母	36.26	15.75	43.44	36.00	4.87
宁蒗黑绵羊	公	35.41	15.74	44.45	35.47	3.95
	母	35.81	16.16	45.13	34.87	3.40
石屏青绵羊	公	32.32	13.21	40.87	31.43	3.33
	母	29.82	11.81	39.60	29.80	3.04
昭通绵羊	公	40.08	19.34	48.25	39.39	—
	母	33.49	14.40	43.00	35.41	—

（3）繁殖性能

　　大部分绵羊品种为单羔、季节性发情，繁殖性能低。南方地区部分地方绵羊品种繁殖性能见表 2-6。

表 2-6　南方地区部分地方绵羊品种繁殖性能

（引自《中国畜禽遗传资源志·羊志》）

品种	性成熟	初配时间	发情产羔	年产羔率	羔羊成活率
迪庆绵羊	公羊 1~1.5 岁，母羊 1 岁	公羊 1.5~2 岁，母羊 1.5 岁	季节性发情配种，年产 1 胎	95%	80%
兰坪乌骨绵羊	公羊 8 月龄，母羊 7 月龄	公羊 13 月龄，母羊 12 月龄	秋季发情，年产 1 胎	103.48%	88.52%
宁蒗黑绵羊	公羊 7 月龄，母羊 6 月龄	公羊 12~18 月龄，母羊 12 月龄	春、秋两季发情，年产 1 胎	95.75%	81.5%
石屏青绵羊	公、母羊均为 7~8 月龄	公、母羊均为 16~18 月龄	春季集中发情配种，年产 1 胎	95.8%	95.5%
腾冲绵羊	—	公、母羊均为 18 月龄	春、秋两季发情，年产 1 胎	101.4%	87.3%
昭通绵羊	—	公、母羊均为 1.0~1.5 岁	春、秋两季发情，多数年产 1 胎	80%~98%	84.66%

（4）养殖评价

南方地区地方绵羊品种的肉用性能和繁殖力均较差，从肉羊角度考虑养殖经济效益十分有限。但部分品种，如兰坪乌骨绵羊拥有独特的乌骨特性，其体内沉积的黑色素与乌骨鸡的黑色素相同，具有较高的抗氧化能力，是我国十分珍稀的动物遗传资源。不断扩大乌骨绵羊的种群数量，加强其药用功能和产品的开发，具有较好的市场前景。此外，地方绵羊品种对当地气候（尤其是极端气候）的适应性强、市场认可度高也是其养殖优势。

第二节　山羊品种

山羊比绵羊更能适应各种生态条件，故分布范围比绵羊广，而肉用山羊多分布在长江以南的亚热带、湿润、半湿润地区，南方每个省、自治区都有肉用山羊分布。我国地方山羊品种或遗传资源 58 个，其中南方地区 46 个。其中，我国四川省培育的第一个山羊品种——南江黄羊以及引进的波尔山羊和努比亚山羊具有生长速度快、适应性强、对各地方品种山羊的杂交改良效果好等优点，在南方地区的养殖量和养殖分布区域最广。

1. 南江黄羊

（1）品种概况

南江黄羊是我国培育的肉用型山羊品种。于 20 世纪 60 年代开始，以努比亚山羊、成都麻羊为父本，南江县本地山羊和金堂黑山羊为母本，采用复杂杂交育成。南江黄羊被毛呈黄褐色，毛短、紧贴皮肤、富有光泽，面部多呈黑色，鼻梁两侧有一条浅黄色条纹。公羊从头顶部至尾根沿背脊有一条宽窄不等的黑色毛带；前胸、颈、肩和四肢上端着生黑而长的粗毛。公、母羊大多数有角，头较大，耳长大，部分羊耳微下垂，颈较粗。体格高大，背腰平直，后躯丰满，体躯近似圆筒形。四肢粗壮。

（2）肉用性能

在放牧条件下，其羊肉细嫩多汁、膻味轻、口感好，市场认可度高。南江黄羊各年龄段体重和体尺情况见表 2-7。

（3）繁殖性能

南江黄羊母羊常年发情，8 月龄时可配种，年产 2 胎或两年产 3 胎，双羔率达 70% 以上，多羔率 13% 以上，平均产羔率 205.42%。

表 2-7　南江黄羊各年龄段体重和体尺

性别	年龄	体重（kg）	体长（cm）	体高（cm）	胸围（cm）
公	6 月龄	27.83	63.33	60.75	69.60
	周岁	37.72	69.40	66.40	77.03
	成年	67.07	82.65	76.55	93.03
母	6 月龄	22.84	58.16	55.14	64.89
	周岁	30.75	64.34	61.80	72.91
	成年	45.60	72.15	66.05	82.67

（4）养殖评价

南江黄羊具有体格大、生长发育快、四季发情、繁殖率高、泌乳力好、抗病力强、适应能力强、产肉力高、杂交改良效果好等特点。南江黄羊自育成以来，已累计向全国 25 个省、自治区、直辖市推广种羊 10 万余只。从杂交效果看，杂种一代周岁羊体重比地方山羊提高 23.3%～67.8%，成年羊体重提高 43.5%～63.8%；效果明显，经济效益显著。目前，南江黄羊的养殖以放牧或半放牧模式为主。

2. 波尔山羊

（1）品种概况

波尔山羊是由南非培育的肉用山羊品种，是世界上著名的肉用山羊品种，以体型大、增重快、产肉多、耐粗饲而著称。波尔山羊体躯为白色，头、耳和颈部为浅红色至深红色，但不超过肩部，"广流星"（前额及鼻梁部有一条较宽的白色色带）明显。体质结实，体格大，结构匀称。耳长而大、宽阔下垂。颈粗壮，胸深而宽。体躯深而宽阔，呈圆筒状。肋骨开张良好，背部宽阔而平直。腹部紧凑，臀部和腿部肌肉丰满。

（2）肉用性能

波尔山羊周岁体重，公羊为 50～70 kg，母羊为 45～65 kg；

成年体重，公羊为 90～130 kg，母羊为 60～90 kg。肉用性能优，屠宰性能好，8～10 月龄屠宰率为 48％，周岁屠宰率为 50％，2 岁屠宰率为 52％，3 岁屠宰率为 54％。其胴体瘦而不干，肉厚而不肥，色泽纯正。

（3）繁殖性能

母羊 5～6 月龄性成熟，初配年龄为 7～8 月龄。在良好的饲养条件下，母羊可以全年发情，产羔率为 193％～225％；护仔性强，泌乳性能好。羔羊初生重为 3～4 kg；断奶重为 20～25 kg；7 月龄体重，公羊为 40～50 kg，母羊为 35～45 kg。

（4）养殖评价

1995 年我国首次从德国引进，通过适应性饲养和纯繁后，逐步向各省（自治区、直辖市）推广，在我国山羊主产区均有分布。同时，用波尔山羊对当地山羊进行杂交改良，产肉性能明显提高，效果显著。波尔山羊的生长速度和部分肉用性能优于南江黄羊，也更适应全舍饲饲喂，但由于羊肉消费习惯的地域性差异，其白毛、大耳和屠宰后皮呈白色等特性不受东南沿海一带消费者的喜爱，市场价格不如南江黄羊。

3. 努比亚山羊

（1）品种概况

努比亚山羊是世界著名的肉、乳、皮兼用型山羊品种，原产于非洲埃及，具有体型大、繁殖力强、耐热性能强和性情温驯等特点。努比亚山羊体格高大，耳大下垂，公、母羊无须无角。颈部较长，前胸肌肉较丰满。体躯较短，呈圆筒状。尻部较短，四肢较长。

（2）肉用性能

努比亚山羊羔羊生长快，产肉多。成年公羊平均体重为 79.38 kg，成年母羊平均体重为 61.23 kg。努比亚山羊是较好的杂交肉羊生产母本，也是改良本地山羊较好的父本，四川省用努比亚山羊与简阳本地山羊杂交，获得较好的杂交优势，育成了知名的简阳大耳羊品种类群。

（3）繁殖性能

努比亚山羊繁殖力强，一年可产 2 胎，每胎 2～3 羔，各胎平均产羔率为 190％。其中，1 胎为 173％，2 胎为 204％，3 胎为 217％。

（4）养殖评价

我国引入的努比亚山羊多来源于美国、英国和澳大利亚等国家，主要饲养在南方地区。努比亚山羊由于性情温驯，除了能适应传统的放牧模式外，也是少有的可进行全舍饲饲喂的山羊品种之一。

4. 其他地方山羊品种

（1）品种概况

根据《中国畜禽遗传资源志·羊志》记载，南方地区地方山羊品种毛色以黑色、灰色、黄色、褐色为主，黑山羊品种最多（表2-8）。四川省和云南省的山羊地方品种最为丰富，但由于部分品种的分布范围极小，种群数量少，表2-7中并未全部列出。大部分为肉用品种，一些传统的肉皮兼用品种也逐渐转变为肉用品种生产。

表 2-8 南方地区主要地方山羊品种分布和体型外貌特征

（引自《中国畜禽遗传资源志·羊志》）

品种	中心产区	用途	体型外貌特征
白玉黑山羊	四川省白玉县	肉用	被毛多黑色，少数个体头黑、体花。体格小，骨骼较细。颈较细短。胸较深，背腰平直。四肢长短适中、较粗壮，蹄质坚实
戴云山羊	福建省戴云山脉	肉用	毛色全黑。体质结实，四肢健壮。背腰平直，体躯前低后高，尻倾斜。尾短小、上翘

（续）

品种	中心产区	用途	体型外貌特征
福清山羊	福建省福州地区	肉用	被毛以灰色、褐色为主，表现"乌面、乌龙、乌肚、乌溪"特征，屠宰后皮肤呈青色。体格中等，耳薄小、向前倾立。颈细长。体躯呈长方形。胸宽，背平，尻斜。四肢细短。尾短、上翘
赣西山羊	江西省、湖南省	肉用	被毛黑色，皮肤白色。体格较小，体质结实。颈细长。体躯呈长方形。躯干较长。背腰宽而平直。前肢较直，后肢稍弯。尾短瘦
广丰山羊	江西省、福建省	肉用	全身被毛白色，皮肤白色。体型偏小，体质结实。颈细长。体躯呈方形或长方形。胸宽深，背平，尻斜，腹大，腿直。尾短小上翘
麻城黑山羊	湖北省麻城市	肉皮兼用	全身被毛纯黑色，皮肤为粉色。体格中等，体躯丰满。公羊腹部紧凑；母羊腹大而不下垂。四肢端正，蹄质坚实。尾短、瘦小
马头山羊	湖南省、湖北省西部山区	肉皮兼用	全身被毛以白色为主。体质结实，结构匀称。颈细长而扁平。体躯呈圆筒状。胸宽深，背腰平直，后躯发育良好。尾短小而上翘
宜昌白山羊	湖北省西南部山区	肉皮兼用	全身被毛白色，皮肤白色。体格中等，体质细致紧凑，结构匀称。公羊颈部短粗；母羊颈部细长清秀。背腰平直，胸宽而深，尾短
湘东黑山羊	湖南省、江西省	肉皮兼用	被毛全黑色。背腰平直，四肢短直。颈稍细长，颈肩结合良好。胸部狭窄，后躯发达。尾短上翘
雷州山羊	广东省、海南省	肉用	被毛多黑色。颈粗。体躯前高后低，腹小身短。体型可分为高脚型和矮脚型

（续）

品种	中心产区	用途	体型外貌特征
隆林山羊	广西壮族自治区西北部	肉用	被毛白色为主。颈粗细适中。胸宽深，背腰平直。后躯比前躯略高。体躯近似长方形。四肢粗壮。尾短小、直立
大足黑山羊	重庆市	肉用	全身被毛纯黑发亮，皮肤白色。体型较大。骨骼较细、结实。肌肉较丰满。各部位结合紧凑。体躯基本呈矩形。胸深宽，背腰平直
西州乌羊	重庆市	肉皮兼用	全身皮肤为乌色，被毛白色。体格较小。结构紧凑，体质强健。胸部发达。背腰平直，后躯略高。四肢长短适中，粗壮有力
成都麻羊	四川省	肉皮兼用	体躯被毛呈赤铜色、麻褐色或黑红色。颈长短适中。背腰宽平。四肢粗壮。公羊前躯发达，体躯呈长方形；母羊后躯深广，外形清秀
川中黑山羊	四川省	肉用	全身被毛黑色。体质结实，体型高大。颈长短适中。背腰宽平。四肢粗壮。公羊体态雄壮，前躯发达；母羊后躯发达，乳房较大
建昌黑山羊	四川省	肉皮兼用	被毛纯黑色。体质结实，体格中等。背腰平直。四肢粗壮
贵州白山羊	贵州省	肉用	被毛以白色为主，皮肤为白色。体质结实，结构匀称，体格中等。公羊颈部粗短；母羊颈部细长。胸深，背腰平直。四肢端正、粗短
贵州黑山羊	贵州省	肉用	被毛以黑色为主，皮肤以白色为主。体躯近似长方形。体质结实，结构紧凑，体格中等。颈细长。胸部狭窄。背腰平直。腹围较大。四肢细长

（续）

品种	中心产区	用途	体型外貌特征
昭通山羊	云南省	肉皮兼用	被毛黑色、褐色、黑白花色。体型中等，结构匀称，外形清秀。背腰平直。四肢端正，腿高结实
云岭山羊	云南省	肉皮兼用	被毛以黑色为主。体躯近似长方形，结构匀称，体格中等。背腰平直，腹大。四肢粗短结实

（2）肉用性能

南方地区中小体型山羊居多，成年体重为 $22\sim60\ kg$，体型变化较大。公羊体型、体重均大于母羊（表2-9）。

表2-9 南方地区主要地方山羊品种成年羊体重体尺指标

（引自《中国畜禽遗传资源志·羊志》）

品种	性别	体重（kg）	体高（cm）	体长（cm）	胸围（cm）
白玉黑山羊	公	28.2	58.6	61.1	77.2
	母	22.4	54.4	55.0	69.2
戴云山羊	公	33.7	56.6	65.9	71.0
	母	30.5	53.9	63.9	67.2
福清山羊	公	24.9	54.7	65.3	74.1
	母	25.7	53.1	65.5	73.5
赣西山羊	公	28.7	55.1	60.7	70.1
	母	27.1	50.3	57.3	69.1
广丰山羊	公	36.2	55.6	60.7	73.7
	母	25.4	47.3	51.3	63.9
麻城黑山羊	公	40.0	71.0	72.0	88.0
	母	34.0	68.0	69.0	82.0
马头山羊	公	43.8	65.2	77.1	82.9
	母	35.3	62.6	72.2	78.4

（续）

品种	性别	体重（kg）	体高（cm）	体长（cm）	胸围（cm）
宜昌白山羊	公	35.9	63.7	68.2	76.1
	母	28.7	50.7	60.2	66.5
湘东黑山羊	公	37.1	64.9	71.6	76.7
	母	28.8	59.7	65.8	71.0
雷州山羊	公	42.3	56.0	63.2	81.0
	母	33.4	54.9	62.5	71.7
隆林山羊	公	42.5	65.1	70.4	81.9
	母	33.7	58.5	64.3	74.8
大足黑山羊	公	59.5	72.01	81.25	96.56
	母	40.2	60.04	70.21	84.35
酉州乌羊	公	31.03	55.02	61.22	69.80
	母	27.86	51.38	56.73	67.15
成都麻羊	公	43.31	68.10	69.78	77.42
	母	39.14	64.66	70.45	78.06
川中黑山羊	公	66.26	76.35	87.57	98.52
	母	49.51	67.84	76.31	84.61
建昌黑山羊	公	42.20	65.47	69.57	80.05
	母	38.37	64.12	67.93	81.82
贵州白山羊	公	34.15	57.13	66.41	75.50
	母	31.90	55.40	66.42	73.64
贵州黑山羊	公	43.30	60.19	60.37	76.97
	母	35.13	60.46	58.95	77.29
昭通山羊	公	40.1	61.9	68.1	81.5
	母	40.1	59.9	67.4	80.0
云岭山羊	公	34.7	61.1	64.6	81.3
	母	31.6	56.1	60.1	75.9

山羊的屠宰率多为 42%～50%，净肉率为 10%～30%（表 2-10）。大部分南方地区羊肉消费习惯是带皮带骨，这对净肉率低的品种销售影响并不是很大。

表 2-10　南方地区主要地方山羊品种屠宰性能指标

（引自《中国畜禽遗传资源志·羊志》）

品种	性别	宰前活重（kg）	胴体重（kg）	屠宰率（%）	净肉率（%）
白玉黑山羊	公	34.3	16.6	48.4	12.6
	母	26.8	11.6	43.3	9.5
戴云山羊	公	25.3	9.6	37.9	31.6
	母	21.8	7.7	35.3	28.1
福清山羊	公	25.2	11.0	43.7	33.7
	母	22.7	9.4	41.4	33.2
赣西山羊（周岁）	—	16.3	7.2	44.2	32.0
广丰山羊（周岁）	—	23.3	11.3	48.5	35.4
麻城黑山羊	公	38.6	—	51.5	38.4
	母	30.8	—	48.5	36.5
马头山羊（周岁）	公	36.2	19.8	54.7	47.8
	母	28.9	14.5	50.2	42.6
宜昌白山羊（周岁）	公	23.8	11.3	47.5	34.8
	母	19.1	9.0	47.1	
湘东黑山羊（周岁）	公	20.2	9.1	45.0	35.0
	母	16.9	7.4	43.8	34.1
雷州山羊（周岁）	公	22.5	11.6	51.6	39.6
	母	20.5	9.7	47.3	35.2
隆林山羊	公	40.9	19.6	47.9	36.8
	母	37.4	16.7	44.7	35.9
大足黑山羊（周岁）	公	35.10	—	44.93	34.24
	母	24.04	—	44.72	33.18

（续）

品种	性别	宰前活重 （kg）	胴体重 （kg）	屠宰率 （%）	净肉率 （%）
酉州乌羊	公	24.91	—	43.32	29.83
	母	20.01	—	43.24	29.82
成都麻羊	公	40.28	18.77	46.60	38.48
	母	40.58	19.06	46.97	39.01
川中黑山羊	公	72.48	38.24	52.76	39.97
	母	49.80	24.49	49.18	37.25
建昌黑山羊	公	32.40	16.10	49.69	38.27
	母	30.20	13.96	46.23	34.44
贵州白山羊	公	33.36	16.74	50.18	38.64
贵州黑山羊	公	28.91	12.66	43.79	31.48
昭通山羊	公	28.3	14.7	51.9	42.0
	母	25.8	12.1	46.9	37.1
云岭山羊 （周岁）	公	30.5	14.2	46.50	33.44
	母	24.4	10.6	43.44	29.92

（3）繁殖性能

南方地区光照充足，大部分品种均能常年发情配种，但仍然以春、秋两季集中发情为主。相对而言，南方地区地方山羊品种具有性成熟早、产多羔等优良的繁殖特性（表2-11）。

表2-11　南方部分地方山羊品种繁殖性能

（引自《中国畜禽遗传资源志·羊志》）

品种	性成熟	初配时间	发情产羔	产羔率 （%）	羔羊成活 率（%）
白玉黑山羊	公羊10～12月龄，母羊8～10月龄	公羊10月龄，母羊8月龄	5月发情配种，年产1胎	100.9	80

（续）

品种	性成熟	初配时间	发情产羔	产羔率（%）	羔羊成活率（%）
戴云山羊	公羊4月龄，母羊6月龄	公羊6月龄，母羊8月龄	常年发情配种，一年2胎	200	91.8
福清山羊	3月龄	5月龄	常年发情配种，一年2胎	230	93.5
赣西山羊	4月龄	公羊7～8月龄，母羊6月龄	春、秋季发情	172～300	85
广丰山羊	4月龄	公羊周岁，母羊6月龄	春、秋季发情	151～285	85
麻城黑山羊	4～5月龄	8～10月龄	春、秋季发情较多	205	88
马头山羊	4～5月龄	5～8月龄	常年发情	270	98
宜昌白山羊	5月龄	8月龄	常年发情	183.3	98
湘东黑山羊	3月龄	公羊6～8月龄，母羊4～5月龄	常年发情	380	—
雷州山羊	公羊5～6月龄，母羊4月龄	公羊18月龄，母羊周岁	常年发情	177.3	98
隆林山羊	4～5月龄	公羊8～10月龄，母羊7～9月龄	夏、秋季发情	195.2	—
大足黑山羊	公羊4～5月龄，母羊3～4月龄	6月龄	常年发情	252	95

（续）

品种	性成熟	初配时间	发情产羔	产羔率（%）	羔羊成活率（%）
酉州乌羊	6月龄	公羊8月龄，母羊6月龄	常年发情	84.4（双羔率）	86
成都麻羊	公羊6月龄，母羊3～4月龄	8月龄	常年发情	211.81	95
川中黑山羊	3月龄	公羊8～10月龄，母羊5～6月龄	常年发情	236.78	91
建昌黑山羊	公羊7～8月龄，母羊4～5月龄	公羊周岁，母羊5～6月龄	常年发情	156.04	95
贵州白山羊	公羊5月龄，母羊4月龄	公羊8月龄，母羊6月龄	常年发情	212.50	—
贵州黑山羊	公羊4～5月龄，母羊6～7月龄	公羊7月龄，母羊9月龄	常年发情	152	90
昭通山羊	5～6月龄	—	年产1胎	170	95
云岭山羊	公羊6～7月龄，母羊4月龄	10～12月龄	春、秋季发情	115	90

（4）养殖评价

由于南方地区偏爱消费本地山羊品种，如对羊角、毛色、皮肤颜色、耳型、饲养时间等方面的特殊需求。同时，地方山羊品种对当地独特的小气候、环境、饲养方式等有很强的适应性。目前，地方山羊品种仍然是南方地区肉羊养殖的主体。

第三节　正确选择养殖品种

　　选择合适的养殖品种，一方面需要保证所选品种在本地能正常生长、繁殖等；另一方面还要保证活羊或羊肉产品有顺畅、稳定的销售渠道。这是南方地区肉羊养殖盈利的关键因素。一般而言，地方品种对本地适应性好、本地消费渠道畅通、销售价格高，但生长速度慢、养殖周期长，品种市场认可面窄，不利于规模进一步扩大。波尔山羊、南江黄羊等品种适应性强、市场认可面广，适合大规模集约化生产，但销售价格往往不如地方品种。目前，南方各地多引进波尔山羊、南江黄羊等生产性能好的品种杂交改良本地品种，以达到生产效率和销售生产的平衡点，取得了较好的效果。总而言之，南方地区养殖品种的选择需要根据养殖地的粗饲料资源、羊肉消费习惯、养殖规模、养殖模式等条件进行综合分析，不能盲目跟风养殖，以规避养殖风险。

1. 粗饲料资源

　　粗饲料是羊的主要饲料。相比于精饲料，肉羊养殖中粗饲料成本的浮动性极大，也是养殖成本控制的关键。南方地区低廉、优质的粗饲料主要来源于天然草山草坡和玉米秸秆等农作物秸秆。南方山区天然草场资源丰富，但多存在冬、春季牧草枯黄短缺期，并且农作物秸秆运输、采收成本高。因此，在养殖品种选择上，应考虑此因素，偏向于选择适应性更好的地方品种或改良品种。南方农区和低海拔丘陵区，农作物秸秆资源丰富、采收加工成本低，可满足羊只全年粗饲料的均衡供应，则可考虑养殖生产效率高和耐舍饲的湖羊、努比亚山羊等品种（市场接受面广，资金回笼快）。

2. 养殖规模和养殖模式

　　养殖规模主要受到粗饲料资源、销售市场和养殖模式等方面的影响。一般全放牧的养殖规模多在 500 只以下，以农户个体养殖为主。个体养殖户往往在资金投入、风险抵抗能力等方面较差，且羊产品数量不多，基本不会投入营销资金。建议选择本地市场接受度高的品种养殖即可。如本地消费者喜爱黑山羊，则应该选择黑山羊品种进行养殖；如本地消费者可接受波尔山羊、湖羊等羊肉产品，也可以选择这些品种养殖。如果当地粗饲料资源丰富、价格低廉，定位全舍饲或半舍饲集约化生产的养殖者，应该选择能适应舍饲或半舍饲的湖羊、努比亚山羊等品种或利用这些品种改良、驯化当地品种。

3. 销售渠道

羊肉是肉羊生产的主要产品，各地羊肉消费习惯千差万别。例如，福建、广东等沿海地区喜欢具有小耳、黑毛、青皮等特征的品种。这些品种销售价格高，但生长速度慢、养殖周期长，且也存在季节性消费的现象，市场销量有限。南方地区的山羊消费仍然以鲜肉或冷鲜肉为主，因此保持销售渠道的通畅对养羊经营十分关键。

第三章

南方羊场建设与羊舍配套设施

羊舍是羊的重要外界环境条件之一。羊舍建筑是否合理,能否满足羊的生理要求和便于饲养管理,与羊生产力发挥有重要关系。除了考虑羊场建设的基本原则外,还要根据南方地区高温高湿气候,地形、地势复杂多样,粗饲料加工存储方式等特点,在羊场规划设计、羊舍建设、配套设施购置等方面应充分满足羊只生长环境的舒适性和组织生产的便捷性。此外,近年来农业农村部和各地农业主管部门也在积极开展肉羊标准化示范场的创建工作。

第一节 羊场分类与生产技术指标

1. 羊场分类与规模

按生产任务和目的,羊场可分为中心育种场、种羊场和商品羊场。

中心育种场是以选育和提高品种质量为目的的羊场,为种羊场和商品羊场提供高质量的种羊。中心育种场必须具备完整的育种制度和系统的育种记录,基础母羊中特级、一级所占的比例应不低于80%。中心育种场对技术条件和管理水平要求很高,一般由国家有关部门计划和筹建。

种羊场是以繁殖种羊和提高种羊品质为主的羊场,使用的种公羊必须来源于特级和一级亲代,并经过后裔测定的特级个体。

种羊场的基础母羊群主要由特级和一级羊组成，具有若干个各具特点的品系和品族，向外推广的种羊应是特级和一级的。

商品羊场的任务是生产数量多、质量好、成本低的羊肉、羊奶等产品。有条件的商品羊场也可以有自己的种羊群，但最好是定期引进种羊场的优秀种公羊。

羊场的规模依据羊场的性质、市场需要、技术水平、资金来源、当地养殖条件来确定。以前羊主要依靠放牧饲养，但最近我国实行封山禁牧，所以大部分羊转为舍饲或半舍饲。羊场规模一般以年终存栏总数或繁殖母羊存栏数两种方法来表示。按年终存栏数来说，南方地区羊场的规模，大型场为1万只以上；中型场为0.5万~1万只；小型场为0.1万~0.5万只，养殖专业户一般饲养200~500只。南方山区家庭养殖户的规模一般较小，存栏量多为200只以下。

2. 南方羊场的生产工艺参数

羊场的主要生产工艺参数是羊场设计建筑时的重要参考数据，其由计划饲养的品种、养殖模式等因素确定。南方地区主要适宜养殖品种的粗略生产工艺参数见表3-1，具体品种的养殖参数详见第二章。

表3-1　主要生产工艺参数

指标	参数	指标	参数
性成熟年龄	4~10月龄	产羔率（%）	100~220
适配年龄	1.5~2岁（公），1.0~1.5岁（母）	双羔率（%）	100~150
发情周期（d）	14~22	羔羊初生重（kg）	1.5~6.0
配种时间	8—11月，部分常年发情品种	羔羊成活率（%）	85~95
受胎率（%）	90~95	羔羊断奶重（kg）	5~25（3月龄）
妊娠期（d）	147~152	成年羊利用年限	6~10年（公），5~7年（母）
哺乳期（d）	30~120	成年母羊淘汰率（%）	15~25

肉羊采食范围广，主要饲料类型包括干草、多汁饲料、青绿饲料和精料等。成年羊、育成羊和羔羊采食饲料的种类以及采食量也存在一定的差异。例如，成年羊具有成熟的瘤胃消化系统，日粮以粗纤维含量丰富的粗饲料为主；而羔羊由于瘤胃消化系统还未完全成熟，对精料的利用率高，可以适当加大日粮中精料的比例，以提高其生长速度。不同羊只饲料消耗定额的基础参考数据见表3-2。由于不同品种对饲料的采食量存在差异，而南方地区饲养品种也比较多，所以可先按照羊只体重2%～5%的干物质采食量初步确定饲料消耗量，再根据不同饲料类型含水量定额配备饲料。另外，羊可利用的粗饲料资源广泛，南方各地粗饲料适宜的加工和储存方式也多种多样，在实际生产过程中要因地制宜，在保障生产的同时还要注意降低养殖成本。

表3-2　饲料消耗定额

饲料类型	消耗量 [kg/（只·d）]		
	成年羊	育成羊	羔羊
干草	2	1	0.1～0.8
精料	0.5	0.2～0.3	0.05～0.2
青贮饲料（多汁饲料）	1～2	0.2～0.3	0.1～0.2
青绿饲料	5～5.7	2.5～3.5	

第二节　羊场设计标准与参数

1. 羊场的选址、布局

（1）羊场的选址

羊场应该建在地势较高、地下水位低、通风良好、排水良好、背风向阳的地方，舍饲和半舍饲羊舍还需要配备有较平坦广阔的运动场。羊场应接近放牧地及水源，水质清洁无污染，供应充足，以保证工作人员、羊只的生产生活用水。一般舍饲羊的需水量大于放牧羊，夏、秋季大于冬、春季，每只羊日需水量为5~10 L。交通通信方便，要求有足够的能源，还应具备一定的防火救灾能力。确保防疫安全，羊场地址在历史上未发生过传染性疾病。羊场距主要交通干线和河流300 m以上。兽医室、病羊隔离室、储粪坑等应位于羊舍的下坡下风方向，以防疾病传播。有些养殖规模较小的羊场仅建设有羊舍，在选址上也应该遵循上述原则。

（2）羊场的基本布局

羊场内部建筑物主要有羊舍、产羔房、人工授精室、兽医室、病羊舍、饲料库房、干草棚、饲料加工室、青贮装置、水塔、办公区及职工生活区等。羊场内各建筑物的布局，应根据羊场规划统筹考虑。既要保证羊只正常生理健康需要和生产要求，又要便于生产管理和提高劳动生产效率，还要能合理利用土地和节约基本建设投资，布局力求紧凑实用。羊舍要建在办公区或住房的下风方向，屋角对着冬、春季的主风方向。用于冬季产羔的羊舍，要选择背山，避风，冬、春季容易保温的地方。

具体来讲，羊舍之间应相距10 m左右；饲料储备与加工设施之间应相距较近，并尽可能靠近场部大门，以方便运输；青贮塔应建在距羊舍较近的地方，方便取用；人工授精室可放在成年公、母羊羊舍之间或附近；兽医室和病羊隔离舍应设在羊场的下风方向，距羊舍100 m以上，附近设置掩埋病羊尸体的深坑；行政管理办公区和职工生活区一般都放在场部内的大门口附近，上风方向为宜。

2. 羊场设计参数

（1）运动场

采用全放牧方式饲养的羊群可不设立专门的运动场，但需要配套可移动的圈养设备，以便于羊群免疫接种、驱虫和药浴等操作。半放牧半舍饲羊场可根据生产实际考虑是否需要设立运动场以及安排运动场的面积（图3-1）。全舍饲羊场必须设立运动场（图3-2），面积一般为羊舍面积的2～2.5倍，成年羊运动场面积可按4 m²/只计算。

图3-1　设置专门的羊只运动场所　　图3-2　带运动场的羊舍

（2）产房

　　无论采用何种饲养方式，都建议在产羔舍内附设产房，设计为固定式、移动式均可。根据养殖品种的大小，单个产房面积应在1～3 m²（图3-3）。南方地区夏、秋季气候温暖，一般不需要供暖设备，但冬、春季昼夜温差大，气温低，应配备保温灯或保温盒等供暖设备（图3-4）。产房总面积要根据母羊群体规模设计，一般可按照母羊舍面积的25%左右配套。

图3-3　独立产床　　　　图3-4　产房内的羔羊保温设施

（3）羊舍高度

应该根据养殖规模和当地气候特点设计调整羊舍高度，一般为 2.5 m 左右。舍饲羊舍或养殖密度大的羊舍墙面应适当增高，以提高舍内空气质量。南方地区多比较湿潮，防暑、防潮重于防寒，羊舍应适当增高，但南方部分地区羔羊舍也有冬、春季保暖的需求，所以羔羊舍可降低高度，以增强保暖效果。

（4）门窗

羊舍大门的设计主要与养殖方式有关，舍饲规模养殖场为了方便投料车的使用，高度和宽度可适当增加，将门设计成宽 3 m、高 2 m 左右。羊舍内羊栏的门不易开口过大，宽度设计为 0.8 m 左右即可。应保证羊舍内有足够的光照，窗户面积一般为地面面积的 1/15，窗户应向阳或对开（图 3-5）。南方高温、多雨、潮湿，为使羊舍通风干燥，门窗以打开为宜，羊舍南面或南北面可修筑高 1 m 左右的半墙，上半部敞开，以保证空气流通。在气温高的地区也可以直接用卷帘替代窗户和墙体。

图 3-5　羊舍门窗比例

（5）地面

羊舍地面是羊舍建筑中的重要组成部分，对羊只的健康有直接影响。羊舍地面一般包括土质地面、砖砌地面、水泥地面和漏缝地板。南方气候湿润，为了降低舍内温度，羊舍内羊群活动的地面应以漏缝地板为主，运动场、过道等可采用其他地面。漏缝地板的材料可选用木材、竹片、铁丝网以及水泥、塑料和树脂等。漏缝地板缝隙为 1.5～2.0 cm，以保证羊粪能及时漏除（图 3-6 至图 3-9）。此外，为了保证羊舍内的空气质量，漏缝地板下面应配套相应的羊粪尿处理设施，以便及时清除粪便。

图 3-6　木板材料漏缝地板

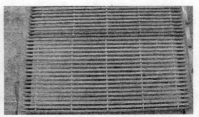

图 3-7　竹片材料漏缝地板

图 3-8　树脂材料漏缝地板

图 3-9　铁丝网材料漏缝地板

（6）温度与通风

南方地区羊舍以通风为主，在冬春季节昼夜温差大、气温低的地区也需要加强羊舍保暖工作。特别是羔羊的保暖，冬季产羔室温度以 8～10 ℃为宜。为了保持羊舍干燥和空气新鲜，羊舍必须有良好的通气设备，直接将南北墙体改为卷帘通风效果最好，也可以在屋顶上设通气孔，孔上留有活门，必要时可以关闭。舍饲或半舍饲条件下，安设的通气装置须满足每只羊每小时 3～4 m³ 的新鲜空气量（图 3-10、图 3-11）。

图 3-10　卷帘式墙体

图 3-11　羊舍通风屋顶

第三节 羊舍建筑设计

1. 羊舍建筑设计原则

(1) 创造适宜的环境

适宜的环境可以充分发挥肉羊的生产潜力、提高饲料转化率。因此，羊舍修建设计时，必须符合羊只对各种环境条件的要求，特别是全舍饲和半舍饲羊群。羊舍应该为羊只提供适宜的温度、湿度、通风、光照和空气质量等。

(2) 符合生产工艺要求，保障生产顺利进行和方便畜牧兽医技术措施的实施

生产工艺是指畜牧生产上采取的技术措施和生产方式，包括羊群的组成和周转方式、草料运输、饲喂、饮水、粪污清理等。此外，还包括称重、免疫接种、接产护理等技术措施。修建羊舍必须将选用品种、饲养模式等养殖规划，与生产工艺相配合，否则会影响生产。

(3) 严格卫生防疫，防止疾病传播

通过合理修建羊舍，为羊只创造适宜环境，将会防止或减少疾病发生。同时，还要注意卫生要求，确定好羊舍方位朝向、配备消毒设施、合理安置污物处理设施等，以利于兽医防疫制度的执行。

(4) 经济合理，技术可行

可用于羊舍建筑的材料很多，价格差异大，在满足生产的条件下，应尽量控制工程造价和设备投资，以降低生产成本，加快资金周转。修建羊舍时要尽量利用有利的自然条件，就地取材，按照本地建筑施工习惯，减少附属用房面积。此外，羊舍设计方案还必须是通过施工能够实现的，否则也是不符合实际的空想设计。

2. 羊舍建筑类型

不同类型羊舍提供的小气候条件也有所不同。根据结构不

同，南方地区的羊舍一般可分为封闭式羊舍、半开放式羊舍、开放式羊舍三种。

（1）封闭式羊舍

封闭式羊舍主要是部分南方冬季温度低的地区使用，主要特点是保暖效果好。简易的封闭式羊舍适用于小规模全放牧或半放牧养殖模式，而肉羊进行集约化全舍饲或半舍饲养殖时需要建筑更高档次的羊舍，配备运动场等必要设施。

① 简易土木结构式圈舍。圈舍四周用土坯砌，用木头架顶，顶上用瓦、油毛毡等加盖。这种圈舍省钱，但不耐用，南方地区的农区小规模养殖多采用该种圈舍。羊舍一般为单列式走道，羊舍宽 3 m 左右，走道宽约 0.8 m，饲槽和栏杆宽约 0.4 m，其余为羊床。羊舍长度根据养殖量灵活掌握，房高 2 m 左右即可。羊舍在建筑时应尽量坐北朝南、背风向阳。

② 竹、木式圈舍。在竹、木资源多的地区较多见，圈舍的围墙、屋顶全部用木、竹做成，或辅以少量砖材、钢材建筑，实际大小根据养殖量确定。

③ 高档次封闭式羊舍。采用四面建筑墙体、前后设置窗户的封闭式羊舍（图3－12）。屋顶为双坡式或平屋顶。在屋顶安设通气孔，前、后窗的基部设进气孔。采用头对头双列式饲养，羊床和饲槽都是沿羊舍长轴方向布置，中间为饲喂通道，通

图3－12　高档次封闭式羊舍

道两侧均为饲槽或投料道，饲槽后面为羊床。在羊舍侧面设置运动场，以围栏和羊舍相连。羊舍侧墙下部留羊的出入洞，以方便羊进出运动场。

（2）半开放式羊舍

半开放式羊舍是指三面有墙，正面上部敞开，下部仅有半截墙的羊舍。南方农区养羊大多采用这种形式的羊舍。利用民房改建的羊舍也可以改建成这种形式。

① 简易农家羊舍。羊舍的房顶用瓦片等覆盖，三面整墙，前面半墙或栏栅，高2m左右，上半部敞开。在舍内侧设置羊床，靠前沿墙壁设草架和栏门。此种羊舍适用于小规模养殖。

② 简易半开放式羊舍。舍顶可用茅草覆盖，四周用泥土，如无特殊兽害，前墙可筑成1.2～1.5 m高的半截墙，上面敞开，随地势而建。这种羊舍的优点是结构简单、建筑简便、就地取材、经济实用（图3-13）。对场地面积要求

图3-13 简易半开放式羊舍

不大，在山坡、山脚均宜建造，可供山区放牧羊休息，夏能避暑，冬能防寒，夜能防兽。其缺点是坚固性差，易受风雨侵袭。简易半开放式羊舍只能作为临时性羊舍，适宜于山区放牧羊场。

（3）开放式羊舍

南方地区气候多高温、湿润，开放式羊舍便于通风，保证羊舍内适宜的温度和湿度，是主要的建筑类型，特别适合于集约型养殖的全舍饲或半舍饲肉羊生产。但在冬季温度较低的地区要配备一定的保暖设施，以便于冬季羔羊的保温。

① 开放式羊舍。开放式羊舍是三面或两面有墙，一面敞开或两面对开的羊舍。舍墙用泥土筑成或石块砌成，围栏用土石、竹竿或木板做成。开放式羊舍的优点是结构简单、节省材料、造价低廉、经济实用（图3-14）、空气流通好、光线充足、圈舍干燥、夏季凉爽。其缺点是冬季比较寒冷，羊只冬季在舍内产

羔，如不注意保暖和护理，容易造成羔羊冻死或扎堆压死。开放式羊舍的大小可根据羊群规模而定，以养殖 100～400 只为宜。

② 吊楼式羊舍。这种羊舍为楼式结构，也称高床羊舍，楼台距地面 1.0～1.8 m，楼板采用漏缝地板铺设。吊楼下为接坡地，吊楼上是羊舍（图 3-15）。羊舍的运动场位于地面，用围栏隔离。吊楼式羊舍的优点是干燥清洁，通风良好，防热、防潮性能好，羊只不与粪便接触，避免寄生虫等疾病的感染，可减少消化系统疾病的发生。缺点是造价高，经济开支大。适用于温暖潮湿的地区，特别是竹木资源多的山区。

图 3-14　开放式羊舍　　　　图 3-15　吊楼式开放羊舍

3. 羊舍建筑设计

(1) 长方形羊舍

这是养羊业采用较为广泛的一种羊舍形式（图 3-16），具有建筑方便、变化样式多、实用性强的特点。可根据不同的饲养地区、饲养方式、饲养品种及羊群种类，设计内部结构、布局和运动场。以放牧为主的羊群，除夜间休息外，其

图 3-16　长方形羊舍

余大部分时间均在野外放牧，羊舍的内部结构可以相对简单一些，只需要安放必要的饮水、补饲及草料架等设施。以舍饲或半舍饲为主的羊场，应在羊舍内部安置草架、饲槽和饮水设施等。

以舍饲为主的羊舍可设计为单列式或双列式，双列式又分为对头式和对尾式两种。双列对头式羊舍中间为走道，走道两侧各修一排带有颈枷的固定饲槽，羊只采食时头对头。这种羊舍有利于饲养管理及对羊只采食进行观察；双列对尾式羊舍的走道和饲槽、颈枷靠羊舍两侧窗户修建，羊只尾对尾。双列羊舍的运动场可修在羊舍外的一侧或两侧。羊舍内根据需要隔成小间，也可不隔，运动场同样可分隔或不分隔。

（2）楼式羊舍

在潮湿的南方地区，为了保持羊舍的通风干燥，可修建漏缝地板楼式羊舍（图3-17）。羊住在漏缝地板上，粪尿通过漏缝地板落入楼下地圈。楼上面对运动场一侧，既可修成半封闭式，也可修成全封闭式。饲槽、饮水槽和补饲

图3-17　楼式羊舍示意图

草架等均可修在运动场内。此种楼式羊舍既可修成双列式，也可根据地形依山而建。

4．羊舍的配套设施

（1）各种用途栅栏

① 分群栏。在进行羊只鉴定、分群及免疫接种时，常需将羊只进行分群，分群栏可在适当地点修筑，用栅栏临时隔成。设置分群栏便于开展工作，抓羊时可节省劳动力，是羊场必不可少的设备。分群栏有一窄长的通道，通道宽度比羊体稍宽即可，羊在通道内只能单行前进，不能回转向后。通道长度一般设置为

6～8 m，在通道两侧可视需要设置若干小圈，圈门的宽度相同，此门的开关方向决定羊只的去路。

② 母仔栏。母仔栏是羊场必不可少的一种设施，分为活动母仔栏和固定母仔栏两种，羊场大多采用活动母仔栏，由两块栏板用合页连接而成。每块栏板高 1 m、长 1.2 m、厚 2.2～2.5 cm，栏板间隙为 7.5 cm。将活动栏在羊舍一角呈直角展开，并将其固定在羊舍墙壁上，可供一母双羔或一母多羔使用。活动母仔栏依产羔母羊的多少而定，一般 10 只母羊配备一个活动母仔栏。如将两块栏板呈直线安置，也可供羊隔离使用，或围成羔羊补饲栏，应依需要而定。

③ 羔羊补饲栅。用于给羔羊补饲，栅栏上留一小门，小羔羊可以自由进出采食，大羊不能进入。羔羊补饲栅用木板制成，板间距离为 15 cm，羔羊补饲栅的大小要依羔羊数量多少而定。

（2）饲槽

饲槽主要用于羊只的喂料或喂水，是全舍饲或半舍饲羊场的主要配套设施，放牧羊群可不用设置专门的饲槽，需要补水补料时，选用简便的饲料桶即可。同时，在舍饲湖羊等集约化程度高和耐粗饲能力强的品种时，为了方便生产，可将羊栏内漏缝地板面设计为低于走道的地面，直接将走道靠羊栏侧设置成水平的投料区代替传统的饲槽，投料区宽约为 0.4 m，保证羊头可成功探出采食，这样方便饲料投放与清理，在舍饲集约化湖羊场较多见（图 3 - 18）。

① 固定式长方形饲槽。一般设置在羊舍或运动场，用砖石、水泥等砌成，平行排列。以舍饲为主的羊舍内应修建永久性饲槽。该种饲槽结实耐用，可根据羊舍结构进行设计建造。用水泥做成固定长槽，上宽下窄，槽底呈圆形，便于清理和洗刷。槽上宽为 50 cm 左右，离地面 40～50 cm，槽深为 20～25 cm（图 3 - 19）。在饲槽上方设颈枷，以固定羊头，可限制其乱占槽位抢食造成采食不均，也可方便固定羊只进行打针、修蹄等操作。

图 3-18　部分过道作为食槽　　　图 3-19　固定式长方形饲槽

② 移动式木槽。用木板制成，要坚固耐用便于携带。既可饲喂草料，也可以供羊只饮水，一般用于冬季羊舍。

③ 固定式圆形饲槽。一般在羊群运动场或专门的饲养场使用，用砖、石、水泥砌成。先在地面上砌一宽 15 cm 的槽边，在槽底盘边上 15 cm 处砌向心圆，呈一个馒头状的土堆，表面坚固光滑。在土堆的基部四周每 15 cm 竖一块砖。在砖状土堆上，羊只从竖砖的中间采食，草料不断地从土堆上滑下供应。圆形饲槽具有添加草料方便、不浪费、减少草屑对被毛的污染等优点。

(3) 草料架

利用草料架养羊能减少浪费。草料架多种多样，可以靠墙设置固定的单面草料架，也可以在饲养场设置若干排草架。可以用砖石砌槽，水泥勾缝，钢筋做隔栅。修饲草、饲料两用槽架，效果较好。草架隔栅可用木料或钢材制成，隔栏间距为 9～10 cm。为使羊头能伸进栏内采食，隔栏宽度可达 15～20 cm。有的地区因缺少木料、钢材，常利用芦苇及树枝修筑简易草料架（图3-20）。

图 3-20　草料架

(4) 药浴池

为了防治疥螨等体外寄生虫病，每年要定期给羊群药浴。没有淋药装置或流动式药浴设备的羊场，应在不对人畜、水源、环境造成污染的地点建药浴池。药浴池一般为长方形水沟状，用水泥筑成，池深为 0.8～1 m，长为 10 m，上口宽为 0.6～0.8 m，底宽为 0.4～0.6 m，以单羊通过而不能转身为宜。池的入口端为陡坡，以便羊只迅速入池。出口端为台阶式缓坡，以便浴后羊只攀登。入口端设储羊圈，出口端设滴流台以使浴后羊身上多余药液流回池内。储羊圈和滴流台大小可根据羊只数量确定，但必须用水泥浇筑地面。

小型羊场药浴池一般可修建在羊舍周围，长为 1～1.2 m，宽为 0.6～0.8 m，深为 0.8 m。先按设计尺寸挖一个长方形坑，底部和四周分别用石板平铺，然后用水泥抹缝；也可用砖或石料铺底砌墙，用砂浆抹面（图 3-21）。

图 3-21　药浴池

有些规模小的养殖户，也可以用长宽高合适的塑料桶或木桶给羊只逐一药浴。目前，市面上也出现了针对大型规模场设计的药浴淋浴车等药浴设施，这些药浴设施可替代传统的药浴池。

(5) 青贮设施和设备

南方地区气候湿润、雨水多，大部分地区不适宜晒制干草。青贮是粗饲料的主要加工储存方式。青贮饲料是肉羊尤其是产羔母羊的良好饲料，一般在冬春鲜草量少的时期给羊补饲。为制作青贮饲料，应在羊舍附近修筑青贮窖壕或安装青贮设备，小规模养殖户也可以采用塑料青贮桶的方式进行青贮，以节约固定资产的投入。

①青贮窖。为圆筒状，底部呈锅底状，南方地区多为地上式。在修筑青贮窖时应选择地势高和干燥处。窖壁用砖、石砌成，水泥抹缝，其大小视羊群饲养量而定，以2～3 d能装填完毕为原则（图3-22）。南方气候湿润，开封后的青贮饲料若不能马上用完，暴露在空气中很容易霉变。因此，建议采用小窖的方式制作青贮饲料。青贮小窖底部面积以2～5 m²、高以2～3 m为宜（图3-23）。

图3-22　大型青贮窖　　　　　　图3-23　青贮小窖

②青贮壕。为长方形壕沟，壕壁用砖、石、水泥砌成。要有一定的倾斜度，一般10%即可，这样不会倒塌，断面是倒梯形（图3-24）。青贮壕一般深为3～4 m，宽为2.5～3.5 m，长为4～5 m，要在2～3 d填装完毕。离青贮壕周围50 cm处应挖排水沟，以免污水流入壕中。

③裹包青贮。随着畜牧机械化的发展，出现了机械化的裹包青贮方式。首先，通过裹包青贮机的压缩将青贮原料压缩成40～50 kg的圆柱状或长方体状的青贮体，再用塑料薄膜对青贮体进行裹包。这种青贮饲料制作方式具有压实严、不透气的特点，制作青贮饲料的效果好，大大提高了青贮饲料品质。同时，小包装可随用随取，避免开封青贮饲料霉变（图3-25）。

图 3-24 青贮壕　　　　　　　　　图 3-25 裹包青贮

(6) 饲料加工机械

① 铡草机。按照机型大小可分为小型、中型和大型 3 种。小型铡草机主要用来切割现喂青绿饲料，在中小规模养殖场应用较普遍。中型铡草机一般可用来铡草和铡青贮饲料。大型铡草机在规模化养殖场主要用来制作青贮饲料。按照切割部分不同又可分为滚刀式（滚筒式）和圆盘式（轮刀式）切碎机。滚刀式铡草机多为小型铡草机（图 3-26），多为固定式的；圆盘式铡草机多为大中型铡草机（图 3-27）。

图 3-26 小型铡草机　　　　　　　图 3-27 大型铡草机

② 饲料粉碎机。饲料粉碎机的用途很广，可以用来粉碎各种粗、精饲料，使之达到一定的粒度。常用的饲料粉碎机有锤片式粉碎机和齿爪式粉碎机两种。锤片式粉碎机，按其进料方式的不同又分为切向进料式（又称切向粉碎机，饲料由转子的切线方

向进入粉碎室）和轴向进料式（称为轴向粉碎机，饲料由转子的轴线方向即在主轴平行的方向进入粉碎室）。切向喂入的粉碎机的主要缺点是在粉碎稍为潮湿的长茎秆饲料时容易缠绕主轴；而轴向喂入的粉碎机则克服了这一缺点。

③ 块根、块茎切碎机。给羊群饲喂胡萝卜等块茎、块根饲料时需要切碎，此时用切碎机可大大提高工作效率。

④ 颗粒饲料机。目前，配合饲料的发展趋势是颗粒饲料，利用颗粒饲料喂羊可以使它们吃到成分一致的饲料，避免羊只挑食精料过多造成肠胃胀气，还可减少饲料浪费，且运输、饲喂和储存都方便，也容易机械化操作。颗粒饲料机主要有环模式小型颗粒饲料机（图 3-28）和平模式大型颗粒饲料机（图 3-29）两种。

图 3-28　环模式小型颗粒饲料机　　图 3-29　平模式大型颗粒饲料机

（7）兽医室

存栏量达到一定规模的羊场，必须建有独立的兽医室，以便能及时对羊只进行疾病防治。室内配备常用的消毒器械、诊断器械、手术器械、注射器械、药品和储备疫苗的冰箱等。

（8）人工授精室

人工授精室应包括采精室、精液处理室、输精室。有进行冷冻精液生产或授精操作的还需要配备液氮罐、超低温冰箱、水浴锅等设备。室内要求光线充足，地面坚实。采精室和输精室可合用，面积为 20～30 m²，设 1 个采精台，1～2 个输精架。精液处理室面积为 8～10 m²。

（9）胚胎移植室

有条件应用胚胎移植技术的羊场还需要建有专门的胚胎移植室。胚胎移植室应包括术前准备室、手术室、检胚室。术前准备室面积为 20～30 m²，供手术麻醉、保定羊及剃毛之用；手术室面积为 30～40 m²，供采胚及移胚用；检胚室面积为 10 m²，供胚胎处理用。术前准备室与手术室相连。在手术室与检胚室中间墙壁上开一个小窗户，以递送液体、器材、胚胎等。各室要求地面坚实，配置紫外线消毒灯。

可独立进行胚胎移植工作的羊场，需配全胚胎移植所需的仪器设备。而接受胚胎移植技术服务的羊场，只需要配置常用的消毒设备、冰箱、手术床等，无需配置体式显微镜等专用设备。为节省投资，可将胚胎移植室兼做人工授精室。

（10）供水、供电设施

分散供水时应修筑水井，安设提水设备，并修井台、饮水槽等。集中供水时，可修建水塔、自来水管网等。

集约化羊场因为机械多，除需要安全、完善的供电设施外，还要注意满足部分大型饲料加工机械对三相电等特殊用电要求。

第四章

南方肉羊高效饲养管理技术

良好的饲养管理是保证羊只健康生长发育、充分发挥遗传基础、提高生产性能和取得最大经济效益的关键要素。在生产中，应根据南方地区小气候特征、地理环境、饲养品种、养殖模式和饲料资源等采取科学、高效的肉羊饲养管理，以提高养殖经济效益。

第一节 肉羊生活行为特性与饲养管理

山羊的生长发育有其自然的生理阶段，只有根据其每个阶段的具体要求进行科学合理的饲养管理，才能取得良好的效果。

1. 山羊的生活习性和行为特点

充分了解山羊的生活习性和行为特点，有利于为山羊提供适宜的饲养环境、合理的营养需要和科学的饲养管理方法。山羊的生活习性和行为特点主要有以下几个方面。

(1) 合群性

羊的合群性比较强。在自然放牧群体中，羊群多跟随头羊游走和采食。头羊一般由后代较多的母羊担任，羊群中掉队的多是病、老、弱、残的羊。山羊可以混合组群，但在采食牧草时，彼此分成不同的小群，很少均匀地混群采食。利用山羊的这一特性，在放牧生产时可以进行大群放牧管理，以节省人力和物力。

（2）放牧习性

大部分山羊品种具有游牧的习性。放牧时，山羊习惯分散采食，具有机警、灵敏和活泼好动的性格特点，并且喜欢攀爬高处，也可在较陡的悬崖峭壁上边行走边采食。放牧羊群每天游走的距离存在很大差异，山羊在繁殖季节较非繁殖季节游走距离远。羊群在放牧时采食有一定的间歇性，羊吃饱后即开始休息、反刍或游走，过一段时间再进行采食。每天日出前和日落前是羊群的采食高峰期。生产过程中应充分考虑养殖肉羊品种的放牧习性，调整饲养模式或采用设置运动场、固定放牧场地等措施进行补偿。对于湖羊、努比亚山羊等适宜圈养的品种，在满足羊充足活动空间的前提下，可不设置或减少运动场面积。

（3）适应性强

山羊对外界各种气候条件具有良好的适应性，这些适应性主要表现为具有很强的耐粗饲、耐饥渴、耐炎热和耐严寒等特性。羊群的适应性一般受选种目标、生产方式和饲养条件影响。在进行山羊改良需引进种羊或异地调羊饲养时，必须详细了解原产地的自然气候条件。

（4）抗病力强

相对于集约化养殖程度较高的猪、鸡等畜禽，羊具有较强的抗病力。平时只要做好常规疫苗的免疫接种和定期驱除寄生虫，并供给足够的饲草、精料和饮水，满足其生长发育的营养需要，一般较少发病。在生产上体况良好的山羊对疾病的耐受力相对较强，在病情较轻微时一般不表现典型的临床症状，有的甚至濒死前还能勉强采食草料。因此，在饲养管理中必须细心观察，及时发现发病羊只，并加以精心治疗。

（5）母性强

多数羊品种的母性较强。分娩后，母羊会舔干初生羔羊体表的羊水，并熟悉羔羊的气味，建立母仔关系。母仔关系一经建立就比较牢固。羔羊通常在需哺乳时才主动寻找母羊，平时则自由玩耍。母羊主要依靠嗅觉来辨认自己所生的羔羊，并通过叫声来表现攻击或躲避行为。

（6）采食能力强

羊的采食能力很强，可采食的饲料种类极其丰富。山羊有长、尖而灵活的薄唇，下切齿稍向外弓而锐利，上颌平整坚强，上唇中央有一纵沟，故能采食地面的低生草，拣食落叶枝条，对草场的利用比较充分。山羊能利用多种植物性饲料，对粗纤维的利用率可达 50％～80％，适宜饲喂多种植物性饲料。山羊的采食性广且杂。据统计，山羊可采食 600 余种植物，占供采食植物种类的 88％，放牧山羊特别喜欢采食树叶、嫩枝，甚至可用以代替粗饲料需要量的 50％的量。

（7）喜好清洁卫生

山羊拥有高度发达的嗅觉，遇到有异味或被污染的草料和饮水，宁可忍饥挨饿也不愿食用，甚至连自己踩踏过的饲草都不采食。这就要求在饲养管理方面尽量做到精心细致，保证饲草新鲜，保证饮水清洁，饲槽要做到每天清扫，保证羊群在干燥、凉爽和清洁卫生的圈舍环境生活。运动场也应保持干燥卫生。如长期生活在低洼、潮湿的环境中，容易导致羊群发生传染病和感染寄生虫，影响羊只的生长发育。

2. 肉羊的常规管理技术

肉羊的常规管理技术包括编号，抓羊、保定羊和导羊前进，去角，羔羊去势，修蹄及蹄病防治，药浴等。

（1）编号

生产上为了便于识别羊只、测定羊的生长发育和生产性能指标及羊育种工作中进行选种选配的需要，需对羊群按照一定的规律进行个体编号。目前编号方法主要有耳标法、剪耳法、墨刺法和烙字法 4 种。当前生产上采用较多的是耳标法。耳标用塑料或铝制成，有圆形和长方形 2 种。圆形耳标比较牢固，用特制的钢字把号码打在耳标上，或用特制的笔写上。耳标上可打场号、年份和个体号。耳标用来记载羊只的个体信息，信息可以反映出羊的品种、出生年份、性别、单双羔及个体编号。耳标通常佩戴在羊的左耳基部。个体号一般用单数代表公羊，双数代表母羊，总字数不超过 8 位，以利于计算机进行资料管理。

挂耳标前要在羊的耳朵上打孔，打孔前要用碘酒对羊耳进行充分消毒。用打孔钳打孔时，要注意避开羊耳朵上的大血管，且最好避开炎热的夏季。如果实在无法避免，则选择早晚气温较低时进行，以减少对羊只的应激。羊只佩戴耳标后，要加强管理，注意看护，发现有感染溃烂时要及时给予治疗，脱落后要及时补上。为了让管理更加直观明显，生产上羊群也可通过佩戴不同颜色塑料耳标的方法来区别不同的等级或世代数等信息。

（2）抓羊、保定和导羊前进

在进行个体品质鉴定、称重、配种、防疫、检疫和销售时，需要进行抓羊、保定羊和导羊前进等操作。抓羊时要尽量缩小其活动范围。抓羊的动作一要快、二要准，趁其不备，迅速抓住羊的后肋，因为肋部皮肤松弛、柔软，容易抓住，又不会使羊受伤，其他部位不能随意乱抓以免伤害羊体。保定羊时，一般用两腿把羊颈夹在腿中间，抵住羊的肩部，使其固定而不能前进，也不能后退，以便对羊只进行各种处理。保定人员也可站在羊的一侧，一手扶颈或下颌；另一手扶住羊的后臀即可。抓住羊后，当需要移动羊时就必须导羊前进，方法是一手扶在羊的颈下部，以控制其前进方向；另一手在尾根处搔痒，羊即会短距离前进。在生产上抓羊、保定和导羊前进时，切忌扳角或抱头硬拉，以免伤害羊和操作人员。

（3）去角

山羊因为具有好斗的习性，有角时不易管理。因此，对于有角山羊来说，去角是一项较重要的管理措施。生产上给羊群去角，可以防止其争斗时致伤和流产。为了取得良好的效果，减少去角引起的应激,一般在羊只出生后 7～10 d 进行去角手术。去角的方法是将羔羊侧卧保定,用手摸到角基部,剪去角基部的羊毛,在角基部周围抹上凡士林,以保护周围皮肤;然后将氢氧化钠棒一端用纸包好,作为手柄,另一端在角的基部旋转摩擦,直到见有微量出血为止。摩擦时要注意时间不能太长,位置要准确,摩擦面与角基范围大小相同,术后敷上消炎止血粉。也可用烧红的烙铁烙角基。羔羊去角后应单独管理,防止角基部被擦破而感染疾病,待伤口愈合后即可归群饲养。去角后也不能让其接近母羊,以免氢氧化钠烧伤母羊乳房。

(4) 羔羊去势

为了提高羊群品质和便于管理,对不留作种用的公羊都应在断奶前后进行去势。公羊去势后性情变得温驯,易于管理,适宜育肥。去势宜在出生后 2～3 周进行,一般选择晴天的上午进行,有利于全天候对去势的羔羊进行精心护理。在生产上体弱的羔羊可以适当推迟去势时间。目前生产上常用的去势方法有结扎法、刀切法、药物去势法和去势钳法 4 种。

① 结扎法。在小公羊 1 周龄左右实行结扎。方法是将睾丸挤到阴囊的外缘,在精索部将阴囊用橡皮筋紧紧结扎,经过 20～30 d,阴囊睾丸因断绝血液供给而坏死脱落。该方法不出血,可以防止感染。这是目前养殖场使用最广泛的方法,安全有效,应激较小。采用该方法进行羔羊去势时,应对结扎后的羊只进行连续跟踪观察,及时处理结扎处的发炎情况。

② 刀切法。对于稍大一些的小公羊或成年公羊则要采用手术法去势。方法是,先将术部阴囊上的毛剪掉,用碘酊进行充分消毒,然后左手握住阴囊根部,将睾丸挤向底部,右手用已消毒的手术刀在阴囊底部切开一个口,长度约为阴囊长度的 1/3,以能挤出睾丸为宜。切开后,把睾丸连同精索一起挤出撕断。较大的公羊必要时结扎精索,以防止过度出血造成死亡。摘除睾丸后,在切口内撒消炎粉,并涂碘酊进行消毒。去势后最初几天,

应加强饲养管理，经常检查伤口。如有红肿发炎现象，要及时加以处理，特别是要保证供给青嫩多汁和营养丰富的饲草料。去势后羔羊应置于干燥清洁卫生的圈舍内，加强饲养管理，避免伤口感染；减少运动，以防运动过量引起出血。

③ 药物去势法。如刀切法一样对羔羊进行保定。手术人员一只手握住阴囊顶部，将睾丸轻轻挤压到阴囊底部，使其固定而不滑动，在阴囊顶部与睾丸对应处用碘酊消毒；另一只手拿吸有消睾注射液的注射器，从睾丸顶部顺睾丸长径平行进针扎入睾丸实质，针尖应抵达睾丸下 1/3 处，慢慢注射，边注射边退针，使药液停留于睾丸 1/3 处，依同法做另一侧睾丸注射。药物注射量为 0.5～1.0 mL。注射后的睾丸呈膨胀状态，不要挤压睾丸，以防药液外溢。

④ 去势钳法。羔羊保定、局部麻醉后，术者用手抓住羊的阴囊颈部，将睾丸挤到阴囊底部，将精索推挤到阴囊颈外侧，并用长柄精索固定钳夹在精索内侧皮肤上，以防精索滑动。然后将无血去势钳的钳嘴张开，夹在长柄精索固定钳固定点上方 3～5 cm 处，由助手缓缓合拢钳柄。钳夹点应该在睾丸上方至少 1 cm 处。在确定精索已经被钳口夹住之后，用力合拢钳柄，即可听到清脆的 "咔哒" 声，表明精索已被挫断。钳柄合拢后应停留至少 1 min，再松开钳嘴，以保证精索已经断裂。松开钳子，再于其下方 1.5～2.0 cm 处的精索上钳夹第二次，以确保手术效果。对另外一侧的精索进行同样操作，钳夹处皮肤用碘酊消毒。手术 6 周后，检查接受手术的羊只，察看睾丸是否已经萎缩、消失，以确保手术效果。

(5) 修蹄及蹄病防治

在舍饲养羊生产中，每年还要进行1～2次修蹄工作。羊的蹄甲也与其他器官一样，生长较快，如不整修易成畸形，使羊行走困难，影响采食，甚至还会引起腐蹄病、四肢变形等疾病，对其生长发育和健康极为不利。修蹄工作对种公羊尤为重要，因为蹄不好将会影响种公羊的日常运动，从而引起精液量减少和精液品质降低，更为严重的甚至失去配种能力。

修蹄最好选在多雨潮湿的季节进行，因雨水多、空气湿润，其蹄甲也变得较为柔软，有利于修剪。修蹄的操作方法比较简单，先将羊保定好，用果园整枝用的剪刀去掉蹄底污物后，用修蹄刀把过长的蹄甲削掉。蹄子周围的角质修得与蹄底接近平齐即可，并且要把羊蹄修成椭圆形，但不要削剪过度，以免损伤蹄肉，造成流血或引起感染。修蹄工作需要缓慢而细心，不可操之过急，一旦发现削伤出血，可用烧烙法止血。刚修蹄后的几天，羊群最好在较为平坦的草地上或运动场上活动，待其蹄甲稍增生后再到丘陵或牧区运动。

（6）药浴

药浴是防治羊体外寄生虫病的一种简单有效的方法，是山羊饲养管理中较为重要的一个环节。为保证山羊健康生长发育，保持较高的生产性能，减少体外寄生虫的感染，应定期对其进行药浴。生产上羊群每年至少应进行两次药浴：一次安排在春季进行，另一次在夏末秋初进行。每次药浴最好间隔 7～10 d 重复进行一次，以巩固药浴效果。药浴的常见方法有池浴、淋浴和盆浴 3 种，养殖场应根据实际情况选用合适的方法进行。

药浴应选择高效、低毒、安全的药物。为防止产生耐药性，药浴时可轮流使用不同的药物。药浴液的浓度要精准，根据实际要求配兑一定量的药物，避免药物浓度过低或过高达不到有效的预防和治疗效果。目前常用的药浴液有 0.05％～0.08％辛硫磷溶液和 0.5％敌百虫（美曲膦酯）溶液等。此外，还有溴氰菊酯、石硫合剂、二甲苯胺脒、双甲脒和螨净等。为了确保药浴效果，药浴时应注意以下事项：

① 药浴应选择在晴朗、暖和、无风或微风的天气，宜在有阳光的上午或中午进行。阴雨、大风或降温时尽量不要进行药浴，以免羊只受凉感冒。

② 药浴液配置后要求混合均匀,温度一般控制在 25 ℃左右为佳。

③ 羊群在药浴前 8 h 应禁饲禁牧,使羊得到充分休息。但在药浴前 2～3 h 应供给羊充分饮水,以避免其因口渴饮食药浴液而中毒。

④ 为保证羊群药浴安全有效,应先对少数羊只进行试浴。若无中毒现象、确认安全时,再进行整群药浴。对出现中毒症状的羊,应及时解毒抢救。

⑤ 应人工帮助羊入池,每只羊的药浴时间控制在 2～3 min。药浴时,操作人员必须用压扶杆把羊头部按入药浴液中 2～3 次,每次稍做停留,使羊头部得到充分洗浴,但勿使其漂浮或沉没。

⑥ 药浴液应现用现配。药浴液不足时,应及时添加同浓度的药浴液,以保证羊能够充分浸入药浴液。羊药浴后,应在滴流台上停留 10～15 min,使羊身上多余药浴液从滴流台上流回药浴池,以节省药浴液。

⑦ 药浴后,应将羊群赶到通风阴凉的羊棚或临时圈舍内,待羊身上的药浴液自然晾干,方可进入圈舍饲喂,以免羊群受凉感冒,同时应该避免阳光直射药浴后的羊群,以免引起中毒。

⑧ 药浴时先药浴健康强壮的羊只,后药浴瘦弱的羊只。羔羊、病羊、妊娠 3 个月以上的母羊及受伤的羊禁止药浴,以免加重病情。

⑨ 药浴时,要注意人员保护和眼睛防护,工作人员要穿防水服、戴口罩和橡皮手套,以免药浴液腐蚀人手或发生中毒现象。

⑩ 药浴结束后,药浴液不能乱倒,要及时清出后深埋地下,以防残药引起人畜中毒。工作人员禁止在现场吸烟、进食和饮水。

第二节 羔羊饲养管理

羔羊是指从出生至断奶(2～3 月龄)的羊羔,这是羊生长发育最快的一个时期。此时的羔羊消化功能尚不完善，对外界适应能力较差，必须精心饲养管理，把好羔羊培育关，提高羔羊成活率。重点应把握以下 4 个环节：

1. 羔羊的哺乳

羔羊出生后，1 月龄内以吃母乳为主、饲喂为辅。应及早开食，训练羔羊吃草料，促进瘤胃发育，扩大营养来源。1 月龄后逐渐过渡到以采食为主、哺乳为辅，适当运动，母仔分群，抓膘，驱虫。对弱羔、双羔以及母羊产后死亡所留下的羔羊，应采取代乳、换哺或人工哺乳的方式进行喂养。人工哺乳应做到定时、定量和定温，哺乳工具要求定期消毒，保持清洁卫生。

（1）初乳期

母羊产后 3～5 d 分泌的乳汁称为初乳，它是羔羊出生后唯一的营养物质来源，对羔羊的生长发育和健康起着特殊而重要的作用。要尽快让羔羊吃上、吃足具有营养、促进胎粪排出等作用的初乳，这对增强羔羊体质具有重要作用。一般单羔交替吮吸母羊两乳头，若是双羔则固定乳头。生后 20 d 内，羔羊每隔 1 h 左右哺乳 1 次，20 d 以后羔羊每隔 4 h 左右哺乳 1 次。随着日龄的增加，哺乳的次数逐渐减少，时间间隔也会拉长。对于生产 3 羔、多羔的要找保姆羊或人工喂养。人工喂养前 3 d 要尽量让羔羊吃母乳，开始采用少量多次的方法让羔羊逐渐适应人工喂养，否则成活率低，即使成活，抗病力也较弱，易患各种疾病。

（2）常乳期

初乳期后到羔羊 2 月龄前属于常乳期。这一阶段，乳汁是羔羊的主要食物，但应辅以少量新鲜草料进行羔羊开口。从出生到 75 日龄是羔羊体重增长最快的时期，此时要加强哺乳母羊的补饲，适当补喂精料和多汁饲料，保持母羊良好的营养状况，促进泌乳力，使其有足够的乳汁供应羔羊。羔羊要尽早开食，训练吃草料，以促进前胃发育，扩大营养物质来源。一般 10 日龄后开始供给少量优质草料，此时可将幼嫩青干草捆成把吊在空中，让羔羊自由采食。20 日龄开始训练采食饲料，在饲槽里放上用开水混合后的半湿料，引导羔羊采食。水的温度不可过高，应与奶温相同，以免烫伤羔羊。此时，在管理上要照顾初生羔羊吃好母乳，对一胎产多羔的要求做到均匀哺乳，防止强者吃得多、弱者吃得少的情况发生。

（3）代乳与换哺

产双羔的母羊若泌乳量不足，应让其哺育较弱的羔羊，把相对强壮的羔羊让产单羔的母羊哺育或代乳。采用代乳、换哺的羔羊与保姆羊所产的羔羊体格大小要相仿，以便达到较好的效果。生产实践中为提高多胎羔羊、弱羔和孤羔等缺乳羔羊的繁育成活率，多采用人工哺乳、饲养保姆奶山羊，以及在羊群中选择单产、健康、泌乳量大的母羊实行寄养等方法。寄养具有成活率高、成本低等优点，但需寄养的羔羊要先彻底清除原胎气味，再在其身上涂保姆羊的胎液、乳汁、粪尿，使保姆羊认羔接受哺乳。具体方法：按临产羊体况、往年产羔记录，事先收集好单胎、膘壮、泌乳量大的母羊的胎液、胎衣，装入塑料袋，注明羊号、产期备用。将准备代乳的羔羊放在 40 ℃左右的温水盆中，涂以肥皂擦洗掉周身原有的气味，特别要注意洗净头顶、耳根和尾根部，再用温清水洗净，迅速擦干，用手涂以备用的保姆羊的胎液，尤其要着重涂好母羊爱嗅的羔羊的头顶、耳根和尾根部，待稍稍烤干后送给指定保姆羊即能顺利代哺。

（4）人工哺乳

一般用新鲜牛奶和商品化羔羊代乳料。用牛奶哺乳时，要加热消毒，而且要做到定温、定量、定时和定质。商品羔羊代乳料的营养成分类似于天然母乳，易于消化吸收，羔羊饲喂后一般无腹泻现象。羔羊 20 日龄前，代乳料用 5 倍量的开水冲熟，待温度降到 37～38 ℃时用奶瓶供羔羊吸吮；羔羊 21 日龄后可干喂，也可拌在块茎饲料中饲喂。

2. 羔羊适度运动和适时断奶

羔羊适度运动可增强体质，提高抗病力。初生羔羊最初几天在圈内饲养，1周后可于晴天中午将羔羊放到舍外日光充足的运动场让其自由运动，晒晒太阳，最初晒30 min，以后逐渐延长日光浴的时间。

羔羊适时断奶，不仅有利于母羊恢复体况，准备发情配种，也能锻炼羔羊的独立生活能力。在生产上应根据羔羊生长发育情况科学合理地断奶，羔羊一般在3月龄左右断奶，早熟品种以及采取频密繁殖时羔羊在1.5～2月龄断奶。羔羊50日龄后对母乳的依赖性大为降低，已转入采食植物性饲料为主的阶段，经过一段时间的适应性饲养，至3月龄时可完全断奶。一般采用一次性断奶的方法，即将母仔分开，不再合群，原羊圈留羔不留母，将母羊移走，以免羔羊念母，影响采食，以减少羔羊应激反应。断奶后的羔羊应加强管理和补饲，按性别和体质分群饲养管理。也可采用逐渐断奶法，即从2月龄起，逐渐延长母仔分隔时间，直至最后断奶。如果羔羊断奶较早以及少数母羊泌乳力旺盛，发现乳房充盈时，可人工挤去乳汁，对其他断奶母羊也应定时检查，防止"胀奶"引发乳房炎。

3. 羔羊早期补饲

为了使羔羊生长发育更快，除吃足初乳和常乳外，还应尽早补饲。提早补饲有助于羔羊的生长发育，利于羔羊提早反刍，使瘤胃功能尽早得到锻炼，还可促使肠胃容积增大、前胃和咀嚼肌发达。羔羊出生1周后开始训练其吃草料。羔羊喜食幼嫩的豆科干草或嫩枝叶，可在羊圈内吊草把让羔羊自由采食，或在羊圈内安装羔羊补饲栏，将切碎的幼嫩干草、胡萝卜放在食槽里任其采食。这样不但使羔羊获得更全面的营养物质，还可以提早锻炼其胃肠的消化功能，促进胃肠系统健康发育，增强羔羊体质，同时可适量补充铜、铁等矿物质，以免发生贫血。待羔羊 3 周龄后，开始训练其吃混合精料，一般要求混合精料中粗蛋白质含量在15％以上，粗纤维含量不超过 6％，同时还要补充钙和磷。精料的组成可为粉碎的玉米、小麦、麸皮、豆饼和食盐等。初喂的饲料应质地疏松，易于消化，可先炒熟后粉碎，以提高适口性；不可喂饲豆类以及脂肪含量高的饲料，以免引起消化不良。待全部羔羊都会吃料后，定时、定量饲喂，喂料量由少到多，少给勤添。在补料的同时应盛些清洁饮水放在运动场上，让羔羊自由饮用。从 1 月龄起，每只每天补饲精料 25～50 g、食盐 1～2 g、骨粉 3～5 g，青干草自由采食。羔羊 50 日龄后，随着母羊泌乳量下降，羔羊逐渐以采食饲草为主、哺乳为辅。此时，在日粮中应注意补加豆饼、鱼粉等优质蛋白质饲料，以利于羔羊快生长、多增重。

4. 羔羊的精心管理

(1) 保温护羔

初生羔羊体温调节能力差，对周围环境温度的变化很敏感。因此，做好羔羊早期防寒保温工作，对初生羔羊尤其是冬羔和早春羔至关重要。有条件的羊场母羊临产前要将其移入产房，产房要求保温效果好，没有产房的要把羊舍门窗封好，在地面上铺上柔软干净的干草，必要时可增设取暖设备。羔羊出生后，立即让母羊舔干其身上的黏液，这样既有利于羔羊体温调节，又有利于建立母仔关系。当羊舍温度适宜时，母羊和羔羊安静地卧在一起；当羊舍温度过高时，母羊则与羔羊的卧地距离较远。可根据母羊和羔羊的上述行为，判断舍温是否适宜，并及时加以调整。

(2) 注意防病

在母羊进入产房前，要对产房及周围环境进行彻底消毒。羔羊出生后7～10 d最易发生痢疾，应注意哺乳、饮水和圈舍卫生，观察羔羊食欲、精神和粪便状况，发现异常应及时处理。如出现病羔要及时隔离，死羔及其污染物要及时消毒灭菌深埋处理。羊舍要勤打扫，保持通风干燥，清洁卫生。特别是要注意羔羊脐带的消毒，防止感染发病。

第三节　育成羊饲养管理

育成羊是指羔羊断奶后到第一次配种的青年公母羊，多指5～18月龄的羊，又称后备羊。刚断奶的育成羊正处在早期发育阶段，其特点是身体各系统和各组织都处于旺盛的生长发育阶段，主要体现在生长发育较快，体重增加明显，体长、胸围仍在迅速生长，营养物质需要量大。如果此期营养不良，就会显著影响其生长发育，从而形成体型小、体重轻、四肢高、胸窄、躯干浅的体型，同时还会造成体质变弱，被毛稀疏且品质不良，甚至性成熟和体成熟推迟、不能按时配种，进而影响其一生的生产性能，甚至失去种用价值。因此，育成羊可以说是羊群的未来。育成期饲养管理的好坏，直接关系到羊只终身的体格大小、品质高低和生产性能的优劣。育成羊是补充羊群、提高群体质量的基础，应引起羊场足够的重视。

1. 断奶转群后的饲养

羔羊断奶后要根据体格大小、质量高低和断奶日龄，按公母羊分别组群。新组群的育成羊正处在早期发育阶段，生活环境突然发生了变化，由原来靠母乳生活变成独立生活，合群性差、不断鸣叫、东奔西跑、不安心采食。此时，应该注意不能马上换料，除了供应优质干草和多汁饲料外，每天仍应补喂0.2～0.6 kg的精料，保证营养供应；同时，还应注意对育成羊补饲钙、磷、盐及维生素。5～10月龄是育成羊生长发育最快的时期，应该加强饲养管理，保证供应足够的、适口性好的优质饲草料。

2. 越冬期的饲养

南方地区从 11 月至翌年 4 月属于越冬期，这个阶段天气变冷、昼夜温差大、水凉草枯，育成羊除需要大量能量消耗来抵御不良气候外，其正处于快速生长发育时期，需要补充大量营养物质来满足生长发育需要。因此，越冬期饲养管理是培育育成羊的关键时期。入冬后，育成羊的饲养原则是应以舍饲为主，减少放牧及野外运动时间。在气候最为寒冷的 12 月至翌年 2 月，应加强营养物质的供应，饲喂优质的豆科牧草、青干草和青贮饲料等。每天饲喂 3 次，遵循少给勤添的原则。此外，还要做好羊舍的防寒保温工作，减少热能的消耗。

第四节 繁殖母羊饲养管理

繁殖母羊是羊群正常发展的基础，饲养管理的好坏关系到羊群能否发展、品质能否改善，其生产性能直接决定着羊群的生产水平。

1. 空怀期母羊的饲养管理

空怀期是指从羔羊断奶到母羊再次配种前的时期，也称恢复期。空怀母羊没有妊娠或泌乳负担，因此对于膘情正常的成年母羊只要进行维持饲养即可。此时期母羊主要是恢复体况，抓膘复壮，以利于发情配种，在饲养管理上相对比较粗放，其日粮供给略高于维持日常需要的饲养水平即可，可以不补饲或仅补饲少量精料。泌乳力高或带多羔的母羊，在哺乳期内的营养消耗大、掉膘快、体况弱，必须加强补饲，以尽快恢复母羊的膘情和体况。在配种前期及配种期，母羊做到满膘配种，是提高母羊受胎率和多胎的有效措施。这一阶段如果母羊营养严重缺乏，就会导致生殖激素分泌失常，卵泡不能正常生长，而妨碍母羊正常发情、排卵和妊娠，甚至造成不孕症。因此，加强空怀期母羊的饲养管理，尤其是配种前1～1.5个月实行短期优饲，有利于提高母羊配种时的体况，达到发情整齐、受胎率高、产羔整齐、产羔数多的目的。

配种期还应注意及时准确配种，发现母羊有发情表现应及时配种，第一次配种后12～24 h可重复配种1次，有利于提高母羊受胎率和产羔数。

2. 妊娠期母羊的饲养管理

妊娠期可分为妊娠前期和妊娠后期两个阶段。

(1) 妊娠前期

即妊娠期的前3个月。其特点是胎儿增重较缓慢，所增质量仅占羔羊初生重的10%左右。此时所需营养并不显著增多，与空怀期基本相同，但必须注意保证母羊所需营养物质的全价性。主要是保证此期母羊对维生素及矿物质元素的需要，保证母羊能够继续保持良好的膘情。此时，应适当补些青干草或精料，必须保证饲料的多样性，科学搭配，切忌饲料过于单一，并且应保证青绿多汁饲料或青贮饲料、胡萝卜等富含维生素及矿物质饲料的常年持续平衡供应。在管理上要避免让母羊吃带霜草料和霉烂变质饲料，不饮冰水，不使其拥挤，不暴力驱赶，以免发生早期流产。

(2) 妊娠后期

即妊娠期的后2个月。此时，胎儿生长发育迅速，妊娠期胎儿增重的90%都是在此阶段完成的，母羊对营养物质的需要量明显增加，应给母羊提供营养充足、全价的饲料。此期的营养水平至关重要，关系到胎儿发育、羔羊初生重、母羊产后泌乳力、羔羊出生后生长发育速度及母羊下一个繁殖周期状况。如果此期母羊营养不足，体质差，产后缺奶，将会影响胎儿的生长发育，导致羔羊初生重小，生理功能不完善，体温调节能力差，抵抗力较弱，极易发生疾病，造成羔羊成活率低。此时，妊娠母羊需补饲一定的混合精料和优质青干草。根据母羊采食情况，每天可补精料 0.5~0.8 kg、青干草 1.5~2.0 kg、胡萝卜 0.55 kg、食盐10 g、骨粉 5~10 g。

在母羊妊娠期管理上，要格外留心，精心管理，把保膘保胎作为管理的重点。前期要防止发生早期流产，后期要防止由于意外伤害发生早产。应避免吃冰冻饲料和发霉变质饲料，不吃带霜饲草，不饮脏水；防止羊群受惊吓，不能紧追急赶，出入圈时严防拥挤；要有足够数量的草架、料槽及水槽，以防饮饲时相互挤压造成流产。母羊在预产期前 1 周左右可进入待产圈舍内饲养，适当加强运动，以增强体质，预防难产。圈舍要求宽敞，清洁卫生，且通风良好，特别是冬季要注意防风保暖。加强母羊的饲养管理，不仅有利于胎儿的生长发育，而且可以增加羔羊的初生体重，有利于提示后代的生产性能。

3. 围生期母羊的饲养管理

母羊的妊娠期为 150 d 左右，临产前 7 d 母羊进入产房，管理上重点是做好母羊的接产工作。产房应提前进行彻底清扫消毒，产床铺垫草，舍温保持在 20 ℃左右。接产所用器具进行彻底清洗消毒，接产人员要剪短指甲并将手及手臂进行消毒处理。临产前将母羊的尾根、外阴部及肛门洗净，再用 1%的来苏儿溶液擦洗消毒。母羊预产期前 3 d 注射雌二醇苯甲酸盐或氯前列烯醇液 1~2 mL，能使 90%的母羊在 48 h 内产羔，尽量控制母羊在白天产羔，便于进行护理，提高羔羊的成活率。

羔羊产出后用碘酒涂擦脐带头以防感染，如遇胎儿过大或胎位不正要及时人工矫正胎位，并施行人工助产，确保羔羊顺利产出，如遇假死羔羊要及时救治。冻僵羔羊要移入温室，放入38~40 ℃的水中温浴 20~30 min，待缓过来后，尽早让其吃上初乳。

4. 哺乳期母羊的饲养管理

母羊的哺乳期可分为哺乳前期（1.5～2 个月）和哺乳后期（2～3 个月）两个阶段。重点在哺乳前期 2 个月，此时母乳是羔羊营养物质的主要来源，尤其是出生后 15～20 d，几乎是羔羊唯一的营养物质来源，应供给母羊全价营养，保证奶水充足。为满足羔羊快速生长发育的需要，必须提高母羊的营养水平，提高泌乳量。母乳充足，则羔羊生长发育快，体质好，抗病力强，存活率高；反之，对羔羊的生长发育不利。因此，必须加强哺乳前期母羊的饲养管理，应尽可能多提供优质干草、青贮饲料及多汁饲料，适当增加混合精料的补饲量。补饲量应根据母羊体况及哺乳的羔羊数而定，饮水要充足。但是，应注意在产后的 1～3 d，母羊不能喂过多的精料，只能喂一些优质干草，以防出现消化不良和乳房炎，3 d 后可饲喂少量混合精料和多汁料，逐渐达到哺乳期的饲喂量。同时，保证充足、清洁的饮水。还要勤换垫料，勤清扫，保持羊舍清洁、干燥和通风。

哺乳后期，母羊泌乳量逐渐下降。此时，羔羊生长发育强度大、增重快，对营养物质的需求增多，单靠母乳已不能完全满足羔羊的营养需要。同时，2 月龄以上羔羊的胃肠功能已趋于完善，对母乳的依赖性下降，可以让羔羊食用一定的优质青草和混合精料。对哺乳后期的母羊，应逐渐取消精料补饲，防止发生乳房疾病。以补喂青干草代之，逐步过渡到空怀母羊的日粮标准。母羊的补饲水平要根据其体况做适当调整，体况差的多补，体况好的少补或不补。羔羊断奶后，可按体况对母羊重新组群，分别饲养，以提高补饲的针对性和补饲效果，促进母羊发情。

5. 提高母羊繁殖力的主要措施

(1) 提高种公羊和繁殖母羊的营养水平

营养水平对羊的繁殖力影响极大。种公羊在配种季节与非配种季节均应给予全价的营养物质。实践中只重视配种季节的饲养管理，而放松非配种季节的饲养管理，往往造成配种季节到来时，种公羊的性欲、采精量、精液品质等繁殖性状不理想。因此，必须加强种公羊的饲养管理，常年保持种公羊的种用体况。但种用体况是一种适宜的膘情状况，过瘦或过肥都不理想。种公羊良好种用体况的标志应该是：性欲旺盛，接触母羊时有强烈的交配欲；体力充沛，喜欢与同群或异群羊挑逗打闹；行动灵活，反应敏捷；射精量大，精液品质好。由于母羊是羊群的主体，是肉羊生产性能的主要体现者，量多群大，同时兼具繁殖后代和显示羊群生产性能的重任。母羊的营养状况具有明显的季节性，草料不足，饲料单一，尤其缺少蛋白质和维生素，是母羊不发情的主要原因。为此，对营养中下等和瘦弱的母羊要在配种前1个月给予必要的补饲，以提高羊群的繁殖力。

（2）调整畜群结构，增加适龄繁殖母羊比例

畜群结构主要指羊群中的性别结构和年龄结构。从性别方面讲，有公羊、母羊和羯羊三种类型的羊只。母羊的比例越高越好；从年龄方面讲，有羔羊、周岁羊、2～6岁羊及老龄羊。羊群中年龄由小到大的个体比例逐渐减少，形成有一定梯度的"金字塔"结构，从而使羊群始终处于一种动态的、后备生命力异常旺盛的状态。也就是说，要增加羊群中的适龄（2～5岁）繁殖母羊的比例。养羊业发达国家，育种群的适繁母羊的比例一般都在70%以上，我国广大农牧区则多在50%左右或50%以下，从而限制了羊群的繁殖速度。

（3）加强环境控制

温度对繁殖力的危害以高温为主，低温危害较小。气温过高时，羊散热困难，影响其采食和饲料转化率，所以一般气温较高的地区，羊的生产能力较低。公羊虽然在全年都可能具有生育能力，但睾丸的生精和内分泌功能呈现季节性变化特点。研究表明，季节影响公山羊的精子活力和射精量，精子平均活力以春季为最高，其次为秋季，再次是冬季，最后是夏季；而平均射精量以夏季为最高，以冬季为最低。因此，做好夏季的防暑降温工作，对提高羊群的繁殖力有重要意义。

山羊属于短日照繁殖家畜，当日照由长变短时，山羊开始发情，进入繁殖季节。因此，可用人工控制光照来决定配种时间。秋季在羊舍给羊照明，可使配种季节提前结束。夏季每天将羊舍遮罩一段时间来缩短光照，能使母羊的配种季节提前到来。此外，应淘汰连续两年不能妊娠的母羊，每年在配种前对公母羊生殖系统进行检查，发现疾病，及时治疗或淘汰。这也是提高羊群繁殖力的重要技术环节，应高度重视。

（4）利用繁殖新技术

随着养羊研究与实践的深入，繁殖新技术，如人工授精技术、同期发情技术、超数排卵、胚胎移植技术及孕马血清等技术越来越多的应用于山羊繁殖中，这些都是提高山羊繁殖力的有效手段。在条件允许的大型羊场还可以通过加强对羊群繁殖性状的选育提高其繁殖力。

第五节　种公羊饲养管理

种公羊对整个羊群品质、生产性能、繁殖育种和经济效益都有重要影响。种公羊的基本要求是体质结实、精力充沛、性欲旺盛、配种能力强、精液品质好。

公羊数量的配置要根据母羊的多少来确定，若采取自然交配，公、母比例以 1：（30～40）为宜。若采取人工授精，公、母比例可按 1：（200～300）配置。在饲养上应根据饲养标准合理搭配饲料，日粮中应保持较高的能量和粗蛋白质水平，做到易消化、适口性好。

1. 非配种期种公羊的饲养管理

种公羊在非配种期的饲养，以恢复和保持其良好的种用性能为目的。配种期结束以后，种公羊的体况都有不同程度的下降，为了使其体况尽快恢复，在配种刚结束的 1～1.5 个月，种公羊的日粮应与配种期保持基本一致，但配方可以适当调整，增加日粮中优质青干草或青绿多汁饲料的比例，并根据体况恢复情况，逐渐转为饲喂非配种期的日粮。种公羊在非配种期的体能消耗少，一般略高于正常饲养标准就能满足种公羊的营养需要。在有放牧条件的地方，非配种期种公羊的饲养可以以放牧为主，适当补喂一定的精料和优质干草，但要加强运动，使种公羊的体能得到锻炼。种公羊每天的运动时间应保证 4～5 h，每天每只补喂混合精料 0.5～0.7 kg，并要供给适量优质青干草。

2. 配种期种公羊的饲养管理

种公羊在配种期对营养物质的需要量与配种强度和配种期的长短密切相关，配种时间越长、强度越大，其体能消耗就越多，需要补充较多的营养；否则，会影响其精液品质和配种能力。科学合理的饲养管理是提高种公羊种用价值的基础。配种期饲养可分为配种预备期（配种前 1～1.5 个月）和配种期两个阶段。

(1) 配种预备期

应适当增加饲料量，加强种公羊的营养供给。在一般饲养管理的基础上，逐渐增加精料的供应量，特别是要提高蛋白质饲料的比例，供应量为配种期标准的 60%～70%。在配种旺盛期必须对种公羊进行精心饲养管理，保持相对较高的饲养水平，特别应注意日粮的全价性，日粮中的粗蛋白质含量应达到 16%～18%，每天供应精料 1～1.5 kg，对配种任务繁重的优秀种公羊，每天混合精料的饲喂量为 1.5～2 kg、鸡蛋 2～3 枚，青干草自由采食，并在日粮中增加部分动物性蛋白质饲料（如鱼粉、蚕蛹粉和血粉等），以保持种公羊良好的精液品质。配好的精料均匀地撒在食槽内，让种公羊自由采食。要经常观察种公羊食欲情况，以便及时调整饲料配方，确保种公羊的健康状况优良。配种期如蛋白质数量不足，品质不良，将会影响种公羊性能力、精液品质。

（2）配种期

此期，种公羊神经处于兴奋状态，经常心神不定，不安心采食。因此，配种期种公羊的饲养管理要做到精心、认真、细致，经常观察其采食、饮水、运动及粪尿排泄等情况，做到少给勤添，多次饲喂。饲料品质要好，必要时可补给一些鱼粉、鸡蛋、羊奶，以补充配种期大量的营养消耗。还要保持饲料、饮水的清洁卫生，料槽吃剩的草料要及时清除，减少饲料的污染和浪费。配种期结束后种公羊的主要任务是恢复体能，增膘复壮，日粮标准和饲养制度要逐渐过渡，变化不宜过大。

种公羊数量少，种用价值高，对后代的影响大，在饲养管理方面要求做到精细，常年保持中上等膘情，拥有健壮的体况、充沛的精力和优良的精液品质，才可保证和提高种公羊的利用率。选择优良的草场采用"适度放牧＋补饲"的饲养方式，对种公羊最为适宜。在管理上，种公羊要求单独饲养，每天保证有适度的运动强度和时间，以免种公羊过肥而影响配种能力。

种公羊圈舍应选择宽敞、坚固、向阳、通风良好的地方，保持清洁干燥，定期进行消毒和防疫，舍饲种公羊要长期生活在舍内和运动场内，良好的环境是保证舍饲种公羊拥有健康体况的前提条件。夏季高温、高湿，对种公羊的繁殖性能和精液品质都有不利影响，应尽量减少各种不利因素的应激。种公羊的运动场地应选择地势高燥、凉爽的草场，尽可能采取早晚时间进行运动，中午回圈舍休息。另外，管理上要做到种公羊的定期驱虫、定期修蹄，还要用毛刷经常刷拭体毛，增进皮肤代谢功能。

3. 种公羊配种能力健全性检验

在配种前 3～4 周，除提高营养标准外，还应对种公羊进行配种能力健全性检验，以确定种公羊是否具有良好的繁殖能力，能否成为优秀种公羊。检验的内容包括体质检查、精液品质检查、性行为观察和综合评定四个方面。

（1）体质检查

对种公羊的总体情况进行检查，记录各种异常表现。首先，要检查公羊的眼、蹄、腿及阴茎等部位，看是否有妨碍配种的缺陷存在。其次，对体况进行鉴定，记录体况评分。最后，应触摸睾丸和附睾，看是否有疾病、发育不良或不适宜繁殖的特征。

（2）精液品质检查

先用人工假阴道或电刺激采精器采集待评定种公羊的精液，然后在低倍显微镜和高倍显微镜下对精液进行检查。检查项目包括精液量、精子密度、精子活力和异常精子百分率等。

（3）性行为观察

给待评定的种公羊戴上试情布，再令其接近发情母羊，观察其性欲和交配行为。

（4）综合评定

在逐项检查后，将种公羊的繁殖健全性分为优秀、满意、可疑等。若任何一项检查项目有不满意或有疑问则判定为不合格，需要复查，若复查仍不能过关则应坚决将其淘汰。

4. 种公羊的采精训练

配种前 1 个月应对种公羊进行采精训练和精液品质检查。种公羊配种采精要适度，刚开始时每周采精 1 次，以后增加至每周 2 次，甚至 2 天 1 次，并根据种公羊的体况和精液品质来调节日粮配方及运动量。到配种时，青年种公羊每天采精 1～2 次，采 1 d 休息 1 d，不宜连续采精；成年种公羊每天可采精 3～4 次，每次采精应有 1～2 h 的间隔时间。采精较频繁时，要保证成年种公羊每周有 1～2 d 的休息时间，以免因过度消耗体力而造成种公羊体况明显下降。对精液稀薄的种公羊，要提高日粮中蛋白质饲料的比例。当出现种公羊过肥、精子活力差的情况时，要加强种公羊的运动。应注意种公羊在采精前不宜吃得过饱。

第六节 育肥羊饲养管理

育肥是指在较短时期内采用各种增膘方法，使肉羊尽快达到适于屠宰的体况。根据肉羊的年龄，育肥可分为羔羊育肥和成年羊育肥。羔羊育肥是指 1 周岁以内的幼龄羊育肥。成年羊育肥是指成年羯羊和淘汰老弱母羊的育肥。

1. 育肥前的准备工作

(1) 圈舍准备

羊舍要求清洁卫生、地面平坦，通风良好，圈舍大小按每只占地面积为 $0.8 \sim 1.0 \text{ m}^2$ 计算。育肥羊入圈舍前，饲养员应彻底打扫圈舍及运动场，并用石灰水或其他消毒药物进行消毒，保持圈舍干净、卫生、舒适。

(2) 温度控制

羊舍要求冬暖夏凉，冬春寒冷季节舍内保持干燥、清洁和温暖，特别要防止贼风侵袭。夏、秋季温度不超过 25 ℃，保持舍内通风凉爽。

(3) 羊群整理

将准备育肥的断奶公羔和淘汰的成年老弱羊，按来源、年龄、性别、个体大小、强弱和品种类型等进行合理分群，制订育肥的进度和强度。因去势羊屠宰后肉品质好，膻味较小，应对不做种用的公羊适时去势，再进行分群育肥。

(4) 驱虫和药浴

育肥前对全部羊只实行一次体内外寄生虫驱除，以增进胃肠的消化功能，有助于提高育肥效果。同时，对羊只进行一次药浴后，方可使其进入圈舍内。为了减少寄生虫对育肥羊的危害，应按剂量定期给育肥羊投喂驱虫药。

（5）清洁饮水

育肥期间必须有清洁的水源，育肥羊每天应饮 2～3 次清洁水。在冬季最好供应温水，以减少冷水对胃肠道的刺激。

（6）饲料供应

结合经验和当地饲料资源确定育肥饲料总用量，应保证育肥全期不断料，不轻易变更饲料。同时，全面了解各种饲料的营养成分，委托有关单位取样分析或查阅有关资料，为日粮配制提供科学依据。育肥羊饲料要求多样化，尽量选用营养价值高、适口性好、易消化的饲料。目前所用饲料主要包括精料、粗饲料、多汁饲料、青绿饲料，还需准备一定量的微量元素、维生素、抗生素添加剂以及食盐、轻质碳酸钙或碳酸氢钙等。此外，也可以适当选用一些粉渣、酒糟、甜菜渣等加工副产品。随着养羊业的发展，现在市面上已经有 1%、5% 的预混料，也有 50% 的浓缩料。这些饲料具有配方科学、营养全面、使用方便等特点，有条件的养殖场可以选购使用。

2. 合理过渡

集中的育肥羊当天不宜饲喂，只供应饮水和少量干草，应有一段时间的合理过渡。前 1～3 d 只投喂饲草、饮水。之后 3～5 d 每天每只饲喂精料 0.3～0.5 kg，然后转入正式育肥。饲喂过程中，应避免过快地变换饲料种类和日粮类型。饲料替换可逐步进行，开始代替 1/3（饲喂 3 d），然后加到 2/3（饲喂 3 d），直到全部替换。粗饲料换成精饲料，替换的速度还要慢一些，可以在 2 周内全部换完；使用青贮饲料、氨化饲料也应有过渡期，要由少到多，逐步代替其他牧草，适应后每只羊每天可饲喂青贮饲料 3～4 kg，氨化饲料 1～1.5 kg。

3. 肉羊的育肥方式

肉羊的育肥方式有放牧育肥、舍饲育肥和半放牧半舍饲育肥

（混合育肥）3 种形式。在农区主要采用舍饲育肥的方式。

（1）放牧育肥

放牧育肥是我国有条件的地区常用的肉羊育肥方式。通过放牧让山羊采食各种牧草和灌木枝叶，以较少的人力物力获得较高的增重效果。放牧育肥的技术要点：根据羊的种类和数量，充分利用天然草场牧草和灌木枝叶生长茂盛、营养丰富的时期进行育肥。放牧时，应按地形划分成若干小区实行分区轮牧，每个小区放牧 2～3 d 后再转移到另一个小区放牧，使羊群能采食到新鲜的牧草和枝叶，同时能促进牧草和灌木的再生，有利于提高产草量和利用率。放牧育肥的山羊要尽量延长每天放牧的时间，夏、秋季气温较高，要做到早出牧晚收牧，每天至少放牧 8 h 以上，甚至可以采用夜间放牧，让山羊充分采食，加快增重长膘。放牧过程尽量减少驱赶羊群，使山羊能安静采食，减少体能消耗。为了提高育肥效果，缩短育肥时间，增加出栏体重，应适当补饲精料，每天每只羊补饲混合精料 0.2～0.3 kg，补饲期约 1 个月，育肥效果可明显提高。

（2）舍饲育肥

舍饲育肥就是把育肥羊圈养在羊舍内，喂以营养丰富的专用饲料，使羊只在短期内快速增重，育肥期一般为 2～3 个月。舍饲育肥是缺少放牧条件的农区常用的育肥方式，也是集约化肉羊生产的主要方法。其优点是集约化程度高，饲料转化率高，增重较快，经济效益高。舍饲育肥的关键是要科学合理地配制与充分利用育肥饲料。育肥饲料由青粗饲料、农业加工副产品和精料补充料组成。常见饲料有干草、青草、树叶、农作物秸秆，各种糠、糟、油饼和食品加工糟渣等。育肥初期以青粗饲料为主，占日粮的 60%～70%，精料占 30%～40%；育肥后期要加大精料使用量，占日粮的 60%～70%。为了提高饲料的消化率和利用率，各种饲料要进行必要的加工处理，秸秆饲料可进行微贮、氨化处理等，精料要进行粉碎混合，有条件的可加工成颗粒饲料。

育肥过程中，青粗饲料要任羊自由采食，混合精料可分次饲喂。

(3) 半放牧半舍饲结合育肥

放牧与补饲相结合的育肥方式也较常见。这种方式既能利用现有的自然资源进行山羊的育肥，又可利用各种农副产品及部分精料进行后期催肥。既节省了饲料开支，又提高了育肥效果。一些老残羊和瘦弱的羯羊在秋末集中 1～2 个月舍饲育肥，利用粗饲料、农副产品和少许精料补饲催肥，也是一种提高羊只上市质量、成本较小、经济效益较高的育肥方式。

4. 育肥羊的饲养管理技术

(1) 饲养管理日程

育肥要严格按饲养管理日程进行操作才能收到良好的效果。育肥羊一般为每天饲喂 2～3 次，每次应掌握一定的比例。做到定时定量投喂，为防止羊抢食，便于准确观察每只育肥羊的采食情况，应训练羊在固定位置采食。饲喂中，应防止过食引起的肠毒血症和日粮中钙磷比例失调引起的尿结石症。

舍饲育肥羊的饲养管理日程表，可根据本场的具体情况，参考以下舍饲育肥羊的饲养管理程序合理制订。

6:30～9:30　清扫饲槽，第一次饲喂。

9:30～12:00　将羊赶到运动场，打扫圈舍。

12:00～14:30　羊饮水，躺卧休息。

14:30～16:00　第二次饲喂。

16:00～18:00　将羊赶到运动场，清扫饲槽和圈舍。

18:00～20:00　第三次饲喂。

20:00～22:00　自由饮水，躺卧休息。

22:00 至翌日　饲槽中投放铡短的干草，供羊夜间采食。

(2) 育肥羊的管理技术

圈舍、饲槽要定期清扫和消毒，保持羊舍清洁干燥、通风良好。保持圈舍环境安静，不要随意惊扰羊群，为育肥羊创造良好的生活环境。对育肥羊群要勤于观察，定期检查，及时发现伤、病羊及羊群的异常现象。一旦发现，应及时请专业技术人员诊治。圈舍最好铺垫一些秸秆、木屑或其他吸水性好的材料。因为潮湿的圈舍和环境，容易导致羊群感染寄生虫。

喂饲时应避免羊群拥挤、争食。饲槽长度要与羊数相符。给饲后应注意羊群采食情况，每餐以吃完不剩余为最理想，注意不能饲喂霉变饲料。一只大羊应有饲槽长度为 40～50 cm，羔羊为 25～30 cm。采用自动饲槽时，长度可以适当缩短，大羊为 10～15 cm，羔羊为 5～10 cm。

确保羊群每天都能喝足清洁的水。气温在 15 ℃时，育肥羊每天饮水量为 1 kg 左右；15～20 ℃时，饮水量为 1.2 kg 左右；20 ℃以上时，饮水量达到 1.5 kg 以上。羊舍内或运动场内应安装饮水设施，及时供给清洁饮水。尽量采用鸭嘴饮水器或自动饮水碗，少用或不用敞开式塑料桶等容器盛水供饮。

5. 不同年龄羊的育肥措施

(1) 羔羊早期育肥

从羔羊群中挑选体格较大、早熟性好的公羊作为育肥羊，育肥期一般为 50～60 d。羔羊不提前断奶，保留原来的母仔对，不断水、不断料，提高隔栏补饲水平。羔羊要及早开食，每天饲喂 2 次，饲料以谷物粒料为主，搭配适量豆饼，粗饲料最好用上等苜蓿干草，让羔羊自由采食。3 月龄后体重达到 25～30 kg 即可出栏上市，活重达不到此标准的羊，要继续饲养，通常在 4～6 月龄全部能达到上市要求。这种方法目的是利用母羊全年繁殖的特点，安排秋、冬季产羔，供应节日特需的羔羊肉，能够获得更好的经济效益。

(2) 断奶后羔羊育肥

羔羊断奶后育肥是目前羊肉生产的主要方式，分为预饲期和正式育肥期两个时期。预饲期约 15 d，分为 3 个阶段。第一阶段

1～3 d，只喂干草，让羔羊适应新环境。第二阶段为 7～10 d，从第三天起逐步用第二阶段日粮，第七天换完喂到第十天；日粮含蛋白质 13％、钙 0.78％、磷 0.24％，精饲料占 36％、粗饲料占 64％。第三阶段 10～14 d，从第十一天起逐步用第三阶段的日粮，第十五天结束，转入正式育肥期，日粮含蛋白质 12.5％～15％、钙 0.65％、磷 0.25％，精粗料比为 1∶1。

对体重大或体况好的断奶羔羊进行强度育肥。选用精料型日粮，经 40～60 d，出栏体重达到 48～50 kg，即可出栏上市。精饲料日粮配方为玉米粒 96％，蛋白质平衡剂 4％，矿物质自由采食。

对体重小或体况差的断奶羔羊进行适度育肥。日粮以青贮玉米为主，青贮玉米可占日粮的 65％～80％。育肥期在 80 d 以上。日粮的喂量逐日增加，10～14 d 达到所需的饲喂量。日粮中应注意添加碳酸钙等矿物质。

（3）成年羊育肥

按品种、活重和预期日增重等主要指标来确定育肥方式和日粮标准。羊场可根据生产条件采取强化育肥或采用"放牧＋补饲"等方式进行育肥。

6. 提高肉羊育肥效果的途径

（1）选择杂交品种

当前养羊生产中应用最广泛、最经济实用的是杂交改良品种法，利用杂交优势提高生长速度是山羊养殖企业取得高产高效益的主要途径。实验结果表明，两品种杂交，子代产肉量比父母代品种可提高 10％以上。若三品种杂交，则更能显著地提高产肉量和饲料转化率。母羊尽量选用高繁殖力的品种，因为肉羊的生产效率在很大程度上取决于母羊的繁殖率和羔羊的成活率。用多胎率高的品种进行羔羊肉的生产，既可提高母羊的生产比重，又可减少饲养母羊的数量。我国各地当地母羊一般都具有较高的繁殖力，可用优良的肉用山羊品种波尔山羊与当地品种杂交，可大幅度提高生产性能、生长速度，增产效果极其显著。

（2）适时去势，合理分群

及时去势是肉羊育肥的重要措施。羔羊去势一般在出生后2～3周进行。育肥羊应与其他羊群分群饲养，以免出现以强欺弱的现象。舍饲羊栏，要架设高床漏缝地板羊床，实行离地饲养。羊床最好离地1.5 m以上，以减少疾病和便于清除羊粪。同时，依据每个栏舍羊群情况的不同，采取不同的补饲和饲养方法。应加强管理，精心饲养，分期分批育肥出栏，以获得较佳效益。

（3）搞好防病，及时驱虫

羔羊育肥前，必须驱除其体内外寄生虫，以免影响育肥效果。羊的体内寄生虫主要有胃肠道线虫、肝片吸虫、绦虫、钩虫等，可以选用广谱驱虫药丙硫苯咪唑等，每年春、秋季各驱虫一次。羊的体外寄生虫主要有虱、痒螨、蚤等，可以选用伊维菌素等驱虫药进行驱除。为了巩固驱虫效果，通常在驱虫10～15 d后再重复进行一次。

（4）增加营养，适当补饲

推广良种和利用杂种优势进行育肥必须与加强饲养管理结合起来；否则，难以取得预期效果。因此，为了给育肥羊提供足够的营养，使各种营养达到平衡，促进其快速生长，提高育肥效果，应对育肥羊科学合理补饲，这是快速育肥的关键措施之一。补饲主要包括补充草料、补充精料、补充矿物质和微量元素等。补饲精料一般在晚间进行，精料放在料槽内让羊自由采食，并供给清洁饮用水和舔砖。

（5）重视环境，当年出栏

环境是肉羊育肥的外部因素，不良的环境因素容易导致山羊患病，从而影响其健康以及产肉性能。因此，在肉羊育肥过程中要注意温度、相对湿度、光照、气流、空气质量等环境因素，保证肉羊的舒适度。另外，羊的生长增重规律是前期快、后期慢，一般到1.5～2岁时达到体成熟，逐渐停止生长。出生后前3个月骨骼生长较快，4～6个月龄肌肉和体重增长较快，以后则脂肪沉积速度加快。对于杂交改良的育肥羊来说，一般前6个月增长速度最快，饲料转化率高，以后增长逐渐变慢。夏、秋季牧草长势旺盛、营养丰富、气候适宜，对育肥羊在夏、秋季利用丰富的饲草资源进行育肥，入冬后草料匮乏时期适时屠宰，是养羊企业节省饲料、增加经济效益的有效途径。

第五章

肉羊营养需要与日粮配制

羊属于草食动物，可采食的饲料种类广泛，特别是南方地区可供肉羊养殖生产的粗饲料资源极其丰富。肉羊日粮的配制，要根据肉羊营养需要特点进行，才能获得理想的养殖效果。在此基础上，根据各地方粗饲料资源的分布特点，降低饲料原料的成本，是南方地区肉羊养殖盈利的关键。

第一节　羊的消化特点

羊的消化特点主要是反刍。羊的主要消化器官由一个结构复杂而功能齐全的胃和相当于体长 25～30 倍的肠道组成。

1. 羊消化道结构及机能

(1) 胃

羊胃是由形状和功能不同的 4 个胃组成的复胃，总容积高达 30 L 左右。前 3 个胃无腺体组织，统称为前胃。

第一胃称瘤胃，呈椭圆形，与食管相连，是 4 个胃中体积和容量最大的一个，约占羊胃总容量的 3/4。瘤胃的内壁为棕黑色，有无数密集的小乳头。它的主要作用是作为饲料临时储存库和发酵罐。休息时，再慢慢反刍咀嚼磨碎，并在其中进行饲料的发酵和营养物的消化、合成。

第二胃称网胃，呈球形。内壁有许多网状格，故称网胃。其消化生理作用与瘤胃相似，除了机械作用外，也可以利用微生物对食物进行分解消化。

第三胃称瓣胃。内壁为许多纵向排列的皱褶瓣膜，依靠皱褶的收缩力将食物进一步磨碎和压榨。

第四胃称皱胃，又称真胃，呈圆锥形。胃壁光滑，腺体组织丰富，功能类似于单胃动物的胃。在腺体分泌的胃液作用下，对食物进行化学消化，最后将消化液和食糜一起排送到肠道，进行消化吸收。

（2）小肠

小肠是羊消化吸收营养物质的主要器官。羊小肠细长弯曲，长度可达体长的 25～30 倍，食物在消化道的时间比较长，有利于食物的消化吸收。在肠道中，食物在多种消化酶的作用下被进一步消化，并得到比较充分的吸收，肠道越长，吸收越充分。未被吸收的食糜在肠道的蠕动作用下进入大肠。

（3）大肠

大肠是羊消化道的最后一部分，主要功能是吸收水分，同时也有消化吸收的功能。未被吸收的食物残渣在这里形成粪便并被排出体外。

2. 反刍行为及机能

反刍是羊的主要消化行为，是羊消化饲料的一个主要过程。羊在短时间内能采食大量饲料，当羊采食停止后或休息时，把经瘤胃浸泡、混合胃液的饲草逆呕成一个食团于口中，经反复咀嚼后再次吞咽入瘤胃，如此反复。反刍咀嚼的作用就是把饲料进一步嚼碎，并混入唾液，便于饲料在瘤胃内发酵、消化和营养合成。羊在患病状态、过度疲劳、受到强烈刺激、采食精料过多或劣质饲草时，会引起反刍次数减少或停止。这样不仅降低羊对食物的消化能力，而且食物在瘤胃发酵形成的气体不能随反刍排出，严重时会引起瘤胃臌气或导致死亡。

3. 瘤胃的功能和消化特点

瘤胃是羊消化系统中最主要的消化器官，起主要作用的是瘤胃微生物。瘤胃是饲料的临时储存库，还具有发酵、消化和营养合成与转变等重要生理功能，是一个高效率而又连续接种供嫌气微生物繁殖的活体发酵罐。瘤胃为微生物的繁殖创造了适宜的条件，是羊体内微生物存在最多、消化作用最大的器官。瘤胃微生物具有消化饲料、合成营养、分解粗纤维的功能。羊能够消化饲料中50%～80%的粗纤维，发挥主要作用的就是瘤胃中的微生物。瘤胃中的纤毛虫使饲料中的纤维组织变得疏松，然后在细菌产生的水解酶的作用下，把饲料中粗纤维分解成容易消化的碳水化合物，产生乙酸、丙酸和丁酸等挥发性脂肪酸，作为合成葡萄糖的原料，还能维持瘤胃中正常的 pH。瘤胃微生物可以将饲草中的粗蛋白质、非蛋白质结构的含氮化合物合成高质量的菌体蛋白。这些菌体蛋白在羊的消化道中被羊消化、吸收和利用。通过这种转化可满足羊30%～40%的蛋白质需求，大大提高了饲料的营养价值。瘤胃微生物还具有合成维生素 B_1、维生素 B_2、维生素 B_{12}、维生素 K 等维生素的功能，因此在饲料中不必另外补充这些维生素。

瘤胃微生物的活动与饲料品质有很大关系。为了提高瘤胃中微生物的活性和对饲料的消化利用率，必须注意饲料品质和营养搭配。在粗饲料日粮中，加入适量的精饲料，并注意饲料中磷、硫、钠、钾等矿物质元素的供应，以提高微生物的活性和饲料转化率。为了保证瘤胃微生物的正常活动和对饲料的正常消化吸收，在饲养过程中注意不要随意变换饲料，若要变换则要由少到多，逐步变换，使微生物种群也发生适应性变化，防止消化紊乱和失调。另外，由于羊对饲料的消化在瘤胃中主要是瘤胃微生物的作用，抗生素类药物会抑制和杀死瘤胃微生物。所以，当需要使用抗生素治疗羊的疾病时，应尽量避免口服，或减少口服剂量和用药时间，以防止瘤胃微生物平衡被破坏，从而影响消化。

4. 羔羊的消化特点

哺乳期的羔羊，由于瘤胃中的微生物区系尚未完全形成，不具备成年羊瘤胃的消化机能和消化特点，而主要依靠皱胃消化饲料和乳汁，不能消化和利用过多的粗饲料。在羔羊哺乳前期应该以奶和精饲料为主，逐渐添加易消化、高营养的饲草，及早培养羔羊采食粗饲料，刺激瘤胃的发育和促进瘤胃微生物区系的形成。生产中一般羔羊出生后 15～20 d 就可以饲喂优质青干草和营养价值高的精饲料。

第二节　肉羊的营养需要

肉羊的营养需要是指其在生活、生长、繁殖和生产过程中对能量、蛋白质、矿物质、维生素等营养物质的需要量。其营养需要主要包括维持需要和生产需要两大部分。维持需要是指羊维持正常生命活动所需，即体重不增减又不生产的情况下，维持其基本生命活动所需的营养物质；生产需要包括羊的生长、育肥、繁殖、泌乳等生产条件下的营养需要。

1. 水

水是动物有机体一切细胞和组织的必需成分，其含量一般占体重的 50%～75%。水的主要功能是运输养料、排泄废物、调节体温、帮助消化、促进细胞与组织的化学作用及调节组织的渗透性等。不同年龄羊只的含水量不同，幼龄羊含水量多，老龄羊含水量少。当机体失去 8% 的水分时，就会出现严重的干渴感觉和食欲丧失，消化作用减慢；失去 10% 的水分则导致严重代谢紊乱；当损失 20% 以上的水分时，就能引起死亡。高温季节的缺水后果比低温时更为严重，所以在气候炎热的南方地区夏季要供应充足的饮水。放牧肉羊的需水量较少，舍饲肉羊的需水量一般为摄入干物质的 3～4 倍。此外，环境温度高、矿物质元素摄入量较多时羊只需水量都会增加，妊娠后期和哺乳期母羊的需水量也会明显加大。

2. 干物质

采食量的多少是衡量动物生产性能和潜力的一项重要指标。肉羊的体况，特别是体重的大小是决定肉羊采食量的主要因素。养殖生产中可以根据羊只体重的 2%～5% 干物质量确定饲料饲喂量。羊的品种、生理阶段、日粮组成、运动量、环境因素、饲喂方式和适口性等均影响干物质的摄入量。另外，饲料类型和营养含量不同，采食量也不同。肉羊的采食量也受季节性的影响，冬季高，夏季低，在 20 ℃时采食量最高，温度超过 20 ℃时采食量开始下降。

3. 能量

能量是羊只日粮的重要成分，也是肉羊生产性能的第一限制性营养物质，饲料的能量水平是影响生产力的重要因素之一。能量不足，会导致幼龄羊生长缓慢、母羊繁殖率下降、泌乳期缩短等。合理的能量水平，对保证肉羊的健康、提高生产力、降低饲料消耗具有重要作用。肉羊对能量的需要与其活动量、生理状况、年龄、体重、环境温度等诸多因素有关。

（1）哺乳期羔羊

母乳是羔羊的主要食物来源，其中的能量可以很好地满足羔羊生长发育的营养需要。对于实行早期断奶的羔羊应使用代乳粉。一般代乳粉的能量含量多接近母乳甚至超过母乳，便于蛋白质的吸收。

（2）育肥羔羊

此阶段羔羊生长发育较快，新陈代谢的特点是同化作用强于异化作用。羔羊生长过程中的合成代谢需要消耗能量，能量水平是决定羔羊增重和体格正常发育的重要因素。

（3）妊娠母羊

配种期和妊娠期的母羊都要求饲料中保持一定的能量水平，母羊妊娠期内能量水平过低或过高都不利于胚胎正常发育。

（4）哺乳母羊

母羊在泌乳期内随乳汁排出大量营养物质。为了维持泌乳，应供给充足的营养物质和能量来满足母羊体内合成乳汁的需要，特别是在母羊产羔后 4~6 周。

4. 蛋白质

蛋白质是维持肉羊生命、生长、繁殖不可缺少的营养物质，必须由饲料供给。饲料中含氮物质总称为粗蛋白质，可具体分为纯蛋白质（真蛋白质）和氨化物。饲料中的氨化物（如尿素）可被羊只利用，具有与纯蛋白质同等的营养价值。蛋白质中包含各种氨基酸，有些氨基酸在羊体内不能合成或合成速度慢，不能满足机体需要，必须由饲料供给，这类氨基酸称必需氨基酸。山羊瘤胃内微生物具有合成各种氨基酸的能力，所以其对必需氨基酸的要求不如猪、禽严格。

（1）羔羊及生长期肉羊

在羔羊刚出生阶段，母乳中所提供的可消化粗蛋白质可以满足羔羊的维持需要和生长需要。羊只对蛋白质的需要量随着体重的增加而增长，到一定时期，母乳所提供的可消化粗蛋白质已经不能满足羔羊的维持需要和生长需要，这就需要由饲料供给蛋白质和必需氨基酸。

（2）妊娠期肉羊

妊娠期前 3 个月，母羊对蛋白质的需要较低，仅仅处于维持水平即可，日粮中蛋白质含量为 10 g/MJ 时，就能满足母羊的需要。妊娠中期，如果摄入的能量低于维持需要水平，就必须向日粮中添加降解率低的蛋白或是添加过瘤胃保护蛋白，以保证母体蛋白不受损失。

（3）泌乳山羊

处于泌乳期的肉羊体重都有所下降，主要是泌乳消耗所致。母羊自体组织转化为泌乳需要的利用率和日粮的蛋白质摄入量之间有着密切联系。为了维持母羊较高的泌乳量，必须由饲料供给充足的蛋白质和氨基酸。

5. 矿物质

矿物质是羊体组织、细胞、骨骼、牙齿和体液的重要组成部分。缺乏或过量都会引起神经系统、肌肉运动、食物消化、营养输送、血液凝固和体内酸碱平衡等功能的紊乱，进而影响羊体健康、生长发育、繁殖和生产，甚至导致死亡。羊需要的矿物质元素有21种，其中包括钠、钾、钙、镁、氯、磷和硫等7种常量元素，另外还有碘、铁、铜、锌、锰、硒、钼、钴、镍、钒、硅、氟、铬和砷等14种微量元素。

（1）钙和磷

钙和磷是构成骨骼的重要成分，比例约为2.2∶1，主要以三钙磷酸盐的形式存在。骨骼中的钙占体内总钙的99%以上，骨骼中的磷占体内总磷的85%。缺乏钙、磷的羔羊其骨骼生长会受影响，甚至发生佝偻病；成年羊则易引起骨质疏松和骨骼变形。所以日粮中要有适量的钙、磷。此外，采用高精料育肥肉羊时，要注意调节育肥日粮的钙、磷比例，应适当增加钙的比重，以免造成公羊和羯羊的尿结石。

（2）食盐

一般饲料中钠含量不足，肉羊容易出现钠元素缺乏，故无论放牧或舍饲都应该给羊群补充食盐。缺乏时主要表现为食欲不振，有啃土、舔墙等异嗜现象，泌乳山羊产奶量下降。生产实践中常用食盐来补充钠和氯，每千克日粮中添加食盐5 g即可满足山羊对钠和氯的需要量。钠、钾和镁三者的代谢相互影响，肉羊进食高钾（如每千克日粮 30 g）日粮会发现影响镁的代谢与沉积，并且钠的代谢也受到影响。

(3) 铜和钴

铜可促进铁进入骨髓，参与造血作用。同时，还是形成血红蛋白必需的催化剂，可促进红细胞的形成，提高肝的解毒能力，促进骨骼正常发育。因此，缺铜也会引起贫血。在缺铜的地区，部分羊会发生骨质疏松症，羔羊发生佝偻病。这是因为缺铜阻碍了血液中的钙、磷在软骨基质上的沉积。羊只正常铜的需要量为每千克日粮 8～10 mg，当超过 250 mg 时，会发生累积性铜中毒。铜中毒时出现血红蛋白尿，组织坏死，严重时可引起死亡。

钴是维生素 B_{12} 的主要组成部分。羊瘤胃微生物虽然具有合成维生素 B_{12} 的能力，但必须供给钴。肉羊缺钴时也表现为贫血，幼羊生长停滞，繁殖失常，生产力下降。1 kg 日粮含钴 0.11 mg 就能满足肉羊对钴的需要量。大多数饲料中含有微量的钴，因此可以不必特意添加。

(4) 其他矿物质

羊对碘的需要量为每千克日粮 0.4～0.6 mg。当低于 0.3 mg 时，羔羊就会出现甲状腺肿。锰缺乏会影响肉羊的繁殖和羔羊的生长。肉羊对锰的需要量应为每千克日粮 40～45 mg。肉羊对锌的正常需要量为每千克日粮 40～60 mg。

6. 维生素

维生素对机体神经调节、组织代谢、能量转化都有重要作用。维生素不足可引起体内营养物质代谢紊乱，特别是维生素 A、维生素 C、维生素 D、维生素 K、B 族维生素，如严重缺乏，羊就会患眼病、皮肤病、软骨症等。枯草季节补饲含维生素丰富的青贮饲料、胡萝卜等青绿多汁饲料，可弥补维生素的不足。

维生素有两大类：一类为脂溶性维生素，即溶解于脂肪，包括维生素 A、维生素 D、维生素 E、维生素 K 等；另一类为水溶性维生素，即溶解于水，包括 B 族维生素和维生素 C 等。不同维生素缺乏时，肉羊会出现不同的症状。

（1）维生素 A

维生素 A 能促进细胞繁殖、保持器官上皮细胞的正常活动，维持正常的视力，可由胡萝卜素转化而成。缺乏时，羔羊表现为生长发育受阻，下痢，易患肺炎、感冒；母羊则不易受胎，发生流产、胎衣不下或产瞎眼羔羊，甚至发生蹄壳疏松、蹄冠炎；公羊生殖功能减退，精子数量减少，活力下降，畸形精子增多。缺乏维生素 A 还会导致羊视力下降，出现干眼症或夜盲症。一般成年家畜体内有维生素 A 的储备，初生幼畜无维生素 A 的储备，完全依靠母畜供给。因此，羔羊哺乳前期，母羊每 100 kg 体重每天每只至少需要 4～7 mg 胡萝卜素，哺乳后期至少要 13 mg。羔羊每 10 kg 体重每天每只需要 12～15 mg 胡萝卜素。青绿饲料中胡萝卜素含量最多，为满足羔羊对维生素 A 的需要，应及早补饲青绿饲料。

（2）维生素 D

维生素 D 与羊体内钙、磷的吸收和代谢及骨组织的矿物化有关。缺乏时会影响钙、磷代谢，羔羊会出现软骨病和佝偻病，成年羊骨质疏松、关节变形；另外，还会导致羊食欲不振、体质虚弱、发育缓慢。动物体内含有的麦角固醇，经过太阳照射后可转变成维生素 D。放牧羊群经常接受阳光照射，可满足维生素 D 的需要；舍饲或半舍饲羊群需多在有阳光的运动场活动，以满足其对维生素 D 的需要。

（3）维生素 E

维生素 E 又名生育酚，在体内起催化和抗氧化作用。母羊缺乏维生素 E，会造成不孕、流产或丧失生殖能力。公羊缺乏维生素 E，则精子品质下降、数量减少、无受精能力，最后完全丧失繁殖功能。维生素 E 还具有促进胡萝卜素、维生素 A 吸收和提高利用率的作用。

（4）B 族维生素及维生素 C

成年羊瘤胃微生物能合成 B 族维生素、维生素 K 和维生素 C。羔羊瘤胃微生物区系尚未完善，容易造成维生素 B_2 缺乏，需由饲料供给。维生素 B_2 缺乏时，羔羊表现为食欲减退，生长发育受阻，还会影响羊毛再生，导致背上、眼边、耳边及胸部脱毛。青绿饲料、根菜、燕麦、大麦、玉米等籽实和麸皮中富含维生素 B_2。

第三节　肉羊常用饲料分类及特点

凡是能被肉羊采食的或限量供给且不会对机体造成损害的物质统称为肉羊的饲料。肉羊的饲料种类很多，而且来源广泛。肉羊常用的饲料包括青绿饲料、粗饲料、能量饲料、蛋白质饲料、矿物质饲料、维生素饲料和饲料添加剂等。

1. 青绿饲料

青绿饲料是指天然水分含量在 60％以上的一类饲料，因富含叶绿素而得名。南方地区青绿饲料主要包括天然和人工栽培牧草、青刈饲料作物、叶菜类饲料、树枝树叶、未成熟的谷物植株及水生植物等，还包括非淀粉质的块根、块茎和瓜类等多汁饲料。其营养丰富且全面，适口性好，消化率高，还具有保健、改善畜产品品质等作用，是肉羊的基本饲料。合理利用青绿饲料，可以节省肉羊饲养成本，提高肉羊养殖效益。还可以将青绿饲料的含水量降低到 65％～75％后切碎，在密闭缺氧的条件下，通过厌氧乳酸菌的发酵作用，制成青贮饲料。青贮饲料气味酸香、柔软多汁、营养丰富，可以长期保存，是肉羊的优良饲料来源。

（1）青绿饲料的种类

① 天然牧草。如禾本科、豆科、菊科、莎草科四大类。天然

牧草多在其生长旺盛期行青割直接饲喂或晒制青干草进行饲喂。

② 栽培牧草。如做绿肥的苕子、紫云英和青玉米、苏丹草、象草、燕麦、大麦等，由于粗纤维含量较低，而可溶性碳水化合物含量高，适口性较好。

③ 蔬菜类。如白菜、油菜、菠菜、甜菜叶、甘薯藤等，这些菜叶一般含水量较高，为 $80\%\sim90\%$。

④ 水生饲料。包括水浮莲、水葫芦、水花生和红萍等。

（2）青绿饲料的主要营养特点

① 蛋白质含量丰富。青绿饲料中的蛋白质含量可满足任何生理状态下肉羊对蛋白质的相对需要量。以干物质计，青绿饲料中粗蛋白质含量比禾本科籽实高，而且单位面积上蛋白质的收获量多。青绿饲料中含氨基酸种类丰富，而且氨基酸组成也优于其他植物性饲料。所以，青绿饲料的蛋白质生物学价值很高。

② 青绿饲料是山羊多种维生素的主要来源。青绿饲料可提供多种维生素，特别是胡萝卜素，每千克青草中含有 $50\sim80$ mg 胡萝卜素。B 族维生素、维生素 C、维生素 E、维生素 K 的含量也较高。在日粮中若能保证供应青绿饲料，则肉羊不易患维生素缺乏症。

③ 青绿饲料是肉羊钙的重要来源之一。青绿饲料中矿物质的含量变化很大，受影响的因素较多，如植物种类、土壤条件、施肥情况等。青绿饲料中钙、钾等碱性元素含量丰富，特别是豆科牧草，钙的含量更高。因此，以青绿饲料为主食的动物不易缺钙。此外，青绿饲料还含有丰富的铁、锰、锌、铜等微量矿物元素。但牧草中钠和氯一般含量不足，所以以青绿饲料为主食的舍饲肉羊需要适当补给食盐。

④ 青绿饲料适口性好。青绿饲料适口性好，能提高肉羊的采食量。同时，青绿饲料质地松软，消化率高，日粮中加入青绿饲料后，会提高饲料转化率。青绿饲料还是肉羊摄取水分的主要途径之一。

2．粗饲料

粗饲料是指饲料中天然水分含量在60％以下，干物质中粗纤维含量等于或高于18％，并以风干物形式饲喂的饲料，如农作物秸秆、酒糟、食用菌菌糠等。这类饲料的营养价值一般较其他饲料低，消化能含量一般不超过10.5MJ/kg，有机物质消化率在65％以下。

3．能量饲料

粗纤维含量低于18％、粗蛋白质低于20％的饲料都属于能量饲料。能量饲料主要有以下四类：谷类籽实，加工副产品，块根、块茎，油脂。肉羊养殖常用的能量饲料包括禾本科籽实类，糠麸类，块根、块茎类等。

(1) 谷类籽实饲料

谷类籽实的营养特点是无氮浸出物含量高，占干物质的71.6％～80.3％，而且其中主要是淀粉，占82％～90％，故其消化率高达90％以上。粗纤维含量一般在6％以下，蛋白质含量低，含有一定数量的粗脂肪，这些粗脂肪多属于不饱和脂肪。谷类籽实一般钙含量都很低，维生素、微量元素含量很低。谷类籽实饲料主要有以下几种。

① 玉米。玉米是最重要的能量饲料，素有"饲料之王"之称。它能量含量高，粗纤维含量少，适口性好。根据玉米颜色，可将其分为黄玉米、白玉米、红玉米。其中，黄玉米中富含胡萝卜素，营养价值较高。但玉米中粗蛋白质含量少，必需氨基酸含量少且不平衡，特别是缺乏赖氨酸，品质差。

② 大麦。大麦是很好的能量饲料。与玉米相比，大麦消化能略低（11.3 MJ/kg左右），但粗蛋白质含量比玉米高（约11％），粗脂肪含量低（约1.7％）。由于皮大麦外包颖壳，所以，粗纤维含量比玉米高1倍以上，代谢能较低。由于皮大麦表

面尖硬，适口性较差，如能脱壳喂最好。

③ 稻谷。稻谷粗纤维含量高，表面粗糙，适口性差，消化率低，如用做肉羊饲料，不应超过日粮的 10%。而稻谷脱壳后的糙米及制米筛分出来的碎米是好饲料。糙米中所含代谢能及粗蛋白质与玉米相似，适口性好，易消化；缺点是糙米价格较高，成本较高。

（2）加工副产品饲料

谷类籽实经过加工提取后剩下的产物，如麸皮、米糠、玉米皮、粉渣等属于加工副产品饲料。

① 麸皮。麦类加工的副产品，常用的有小麦麸、大麦麸等。其营养价值与麦类加工精度有关，加工越精，麸皮的营养价值越高。常见的品种有次粉和小麦麸。次粉是小麦加工成面粉时的副产品，为胚芽、部分碎麸和粗粉的混合物，代谢能为 12.51MJ/kg 左右，粗蛋白质含量为 13.6% 左右，影响次粉质量的因素为杂质含量及含水量，发霉、结块的次粉不能使用。小麦麸由于粗纤维含量高，代谢能低，只有 6.82MJ/kg 左右，粗蛋白质含量为 15.7% 左右，其结构蓬松，具有轻泻性，在日粮中的比例不宜太高。

② 米糠。米糠是南方水稻产区的重要精料之一。米糠是糙米加工成白米时的副产品。其营养价值与米的加工精度有关，粗蛋白质含量较高，品质尚可。代谢能为 11.21 MJ/kg 左右，粗蛋白质含量为 14.7% 左右，米糠中含油量很高，可达 16.5%。米糠中含有较多的脂肪，不耐储存，储存不当时，脂肪易氧化而发热、霉变。

③ 玉米皮。玉米深加工企业生产的一种副产品，即将玉米颗粒经过浸泡后进入淀粉生产过程，后经洗涤、挤水、烘干等工序加工而成。其主要成分是纤维、淀粉、蛋白质等。玉米经过浸泡、破碎后分离出来的玉米表皮，蛋白质、淀粉含量较高，主要用于饲料工业；普通玉米纤维经过添加玉米浆后干燥而成的产品

即为加浆纤维，蛋白含量可达 16％以上，主要用于生产饲料。将玉米皮用酶水解后制成膳食纤维，具有保湿吸水作用，在体内能生成溶胶和凝胶，延迟食物成分在消化器官内的扩散，延缓糖分、无机质及有机质的吸收。

④ 粉渣。包括玉米粉渣、马铃薯粉渣等。它是加工粉条的副产品。玉米粉渣无氮浸出物含量为 49.92％、粗蛋白质含量为 16.48％、粗纤维含量为 28.16％、粗脂肪含量为 2.56％。马铃薯粉渣无氮浸出物含量高达 81.82％、粗蛋白质含量为 2.82％、粗纤维含量为 9.8％、粗脂肪含量为 0.67％，这类饲料适应性好，但难以运输和储藏，应特别注意防霉变。

（3）块根、块茎类饲料

块根、块茎类饲料水分含量高达 70％～90％。风干样无氮浸出物含量高达 67％～88％，且多是易消化的糖分、淀粉或聚戊糖，故它们的消化率较高，但粗蛋白质含量很低。主要有胡萝卜、甘薯、马铃薯等。

① 胡萝卜。胡萝卜是很好的能量饲料，更重要的是胡萝卜素含量极高，它常作为肉羊冬、春季的维生素保健饲料和调味品，用以改善日粮的口味，提高食欲，提高母羊泌乳性能和公羊的繁殖性能。

② 甘薯。又称山芋、地瓜、红薯等，是我国栽种广泛、产量最大的薯类作物，饲用价值近似于玉米。甘薯切碎后饲喂，饲用价值更高。

③ 马铃薯。又称土豆、山药蛋等，风干样无氮浸出物含量为 82.7％，淀粉含量为 70％，消化能超过玉米。发芽的马铃薯中含有茄素（龙葵素），在饲用前必须去芽；否则易引起中毒。

4. 蛋白质饲料

蛋白质饲料中自然含水率低于 45％，干物质中粗纤维含量又低于 18％，粗蛋白质含量达到或超过 20％，如豆类、饼粕类、鱼粉等。

（1）动物性蛋白饲料

属于蛋白质饲料的一种，其营养特点是粗蛋白质含量高，达
$40\%\sim90\%$（我国生产的鱼粉多数在 40% 左右），氨基酸含量比
较平衡，生物学价值较高。碳水化合物含量较少。矿物质含量较
丰富，而且比较平衡，利用率也高。动物性蛋白饲料的钙、磷含
量都比植物性饲料高。维生素含量比较丰富，特别是 B 族维生
素含量都比较高，鱼粉中脂溶性维生素 A、维生素 D 含量也较
高。一些动物性蛋白中含有未知生长因子，有利于动物生长。动
物性蛋白饲料主要有鱼粉、肉粉和肉骨粉、角质蛋白饲料、虫粉
及乳、乳制品、水解蛋白等，现着重介绍前 4 种。

① 鱼粉。鱼粉种类很多，由于鱼来源、加工过程不同，饲
用价值也不同。一般来说，蛋白质含量越高，饲用价值越大；水
分、脂肪含量越少，质量越好，蛋白质越不易变质，脂肪越不易
氧化酸败。总之，鱼粉是一种高营养价值的饲料，但作为反刍动
物饲料不是很理想，不如豆饼、棉籽饼等植物性蛋白好。

② 肉粉和肉骨粉。肉粉由不能供人食用的畜禽肉、内脏等
制成，粗蛋白质含量可达 60% 左右。肉骨粉还包括不能供人食
用的骨，因此矿物质含量高，两者消化率都可达 80% 左右。

③ 角质蛋白饲料。主要有羽毛粉、毛发粉。一般加工是经
过高压、蒸煮处理，使蛋白软化，二硫键水解。加工较好的这类
饲料消化率可达 80% 以上。

④ 虫粉。虫粉是昆虫经过烘干、粉碎和脱脂萃取之后的
粉末。

（2）植物性蛋白饲料

植物性蛋白饲料是蛋白质饲料的一类，粗蛋白质含量高于
20%、粗纤维含量低于 18% 的植物饲料（包括副产品）都属于
植物性蛋白饲料。具有价格低廉，饲料转化率高等特点，是肉羊
养殖的常用蛋白饲料。不同种类植物蛋白饲料的蛋白质含量差异

很大，一般为 20%～50%。饼（粕）粗蛋白质含量比籽实高，必需氨基酸含量比禾谷类平衡；蛋白质利用率比谷实类高，是谷实类的 1～3 倍。蛋白质是此类饲料中最有饲用价值的部分。肉羊常用的植物性蛋白饲料原料主要包括油用经济作物榨油后的饼（粕）类饲料和苜蓿等豆科牧草。

① 饼（粕）类饲料。大豆提取油后的豆粕，粗蛋白质含量高达 40%～47%，且富含赖氨酸，不仅适口性好，而且其蛋白质具有轻泻作用，是肉羊养殖最常用的蛋白饲料原料。菜籽饼（粕）是菜籽榨油后的副产品，粗蛋白质含量为 35% 左右，但适口性差，特别是含有芥子苷，大量使用会使动物中毒，要限量使用。花生饼是花生榨油后所得的副产品，粗蛋白质含量可达 45% 以上，其生物学价值较高。缺点是容易感染黄曲霉菌，黄曲霉菌产生的黄曲霉毒素，对羊只有害，特别是对羔羊、妊娠母羊毒害作用更大，应注意用量。棉籽饼是棉籽榨油后的副产品，粗蛋白质含量为 40% 左右，但适口性差，维生素和钙含量低，更应注意的是，棉籽饼中含有一种毒素——棉酚，它对母羊危害最大，在母羊饲料中要限量使用。

② 豆科牧草。苜蓿、葛藤、花生秸秆等豆科类牧草或经济作物秸秆都是肉羊优质的植物性蛋白饲料。苜蓿的粗蛋白质含量高，素有"牧草之王"的美誉。但南方地区不大适合大规模种植苜蓿，也不方便晒制加工成干草捆或颗粒，多向北方调运或国外进口，使用成本高。相比而言，南方大部分地区都能种植花生，其秸秆蛋白含量虽不及苜蓿，但使用成本低，是更常用的植物蛋白饲料原料。

③ 非蛋白氮原料。在饲料加工领域，非蛋白氮指饲料中蛋白质以外的含氮化合物的总称，又称非蛋白态氮，包括游离氨基酸、酰胺类、蛋白质降解的含氮化合物、氨以及铵盐等简单含氮化合物。例如，饲料用尿素、尿素硝基腐殖酸缩合物、亚异丁基二脲、氯化铵、磷酸脲、缩二脲、磷酸一胺、硬脂酸脲等。羊瘤

胃中的微生物能利用饲料中的非蛋白氮合成氨基酸和菌体蛋白供羊只吸收利用。因此，肉羊养殖中可以适当添加尿素等非蛋白氮原料，提高饲料的营养价值，降低生产成本。

5. 矿物质饲料

天然饲料中矿物质元素的种类、含量和相互间的比例往往与肉羊的营养需要不相符合。因此，有必要补充矿物质饲料，以充分满足肉羊对各种矿物质元素的需要。矿物质饲料一般是天然生成的矿物质和工业合成的单一化合物以及混有载体的多种矿物质化合物配成的矿物质添加剂预混料，不论提供常量元素或微量元素者均为矿物质饲料。常见的有贝壳、骨粉、食盐、磷酸氢钙等。

6. 维生素饲料

维生素饲料是指由工业合成的或提纯的单一或复合的维生素制品，包括脂溶性维生素饲料和水溶性维生素饲料两类。脂溶性维生素饲料主要包括维生素 A、维生素 D、维生素 E、维生素 K 等制品，水溶性维生素饲料主要包括维生素 B_1、维生素 B_2、维生素 B_6、维生素 B_{12}、泛酸、烟酸、生物素、胆碱、叶酸及维生素 C 等制品。成年羊的瘤胃微生物可合成部分维生素满足身体需要，在日粮配制中不用另外添加，以节约养殖成本。

7. 饲料添加剂

饲料添加剂是指在饲料生产加工、使用过程中添加的少量或微量物质，在饲料中用量很少但作用显著。饲料添加剂是现代饲料工业必须使用的原料，对强化基础饲料营养价值，提高动物生产性能，保证动物健康，节省饲料成本，改善畜产品品质等方面有明显的效果。传统广义的饲料添加剂包括营养性添加剂和非营养性添加剂两类，前者主要包括氨基酸、维生素和微量元素添加剂等，后者主要包括生长促进剂、动物保健剂、助消化剂、代谢调节剂、动物产品品质改进剂（如着色剂等）和饲料保护剂、缓冲剂、甲烷抑制剂和产品工艺添加剂等。为了避免氨基酸等营养素进入瘤胃后被瘤胃微生物降解而起不到原有的饲用效果，生产中常对这些营养素进行包被处理，使其过瘤胃而被羊只吸收利用。

第四节　肉羊日粮配制技术

日粮是肉羊一天所采食的饲草料总量。天然牧草是放牧羊群日粮的主要组成部分，归牧后根据特殊肉羊的需求（育肥羊、哺乳羊等）和草地牧草质量进行适当的精料或粗饲料补饲即可。肉羊集约化舍饲或半舍饲的日粮依靠人工配制，主要根据肉羊的饲养标准和饲料营养特性，选择若干饲料原料按一定比例搭配，满足不同生长阶段肉羊的营养需要。科学配制日粮是肉羊舍饲或半舍饲生产过程中的一个关键环节。尽管肉羊日粮配制可依饲养标准而得，但由于养羊生产的特点，不同品种、不同地区在饲料营养需要、原料种类等方面差异明显，造成一些不易控制的因素，因此配合饲料很难完全符合肉羊的营养需要标准。所以饲养标准只能作为生产的参考，在养殖实践中还应该针对各种不同影响因素，及时调整日粮组成。

1. 肉羊日粮配制的原则

饲养标准是进行饲料配制的主要参考依据，配制饲料时应保证供给肉羊所需的各种营养物质。但饲养标准是在一定生产条件下制定的，应通过实际饲养效果，根据各地具体条件对饲养标准进行必要的修正和补充。其次，要考虑肉羊的生理特点和饲料的多样性、适口性，以及当地的饲料原料来源，尽量做到饲料的多样搭配，这样既可促进肉羊的食欲，又可在营养成分上得到互补。现结合我国南方地区肉羊的生产模式，介绍一下日粮配合的原则。

（1）营养性原则

配制日粮时，必须以肉羊的饲养标准为依据，并结合不同生产条件下肉羊生长情况与生产性能状况灵活应用。若发现日粮营养水平偏低或偏高，要及时调整，既要满足肉羊所需的营养又不至于浪费。同时，应注意饲料多样化，尽可能将多种饲料合理搭配使用，以充分发挥各种饲料的营养互补作用，平衡各营养素之间的比例，保证日粮的全价性，提高日粮中营养物质的利用效率。不论是粗料还是精料，切忌品种单一，尤其是精料。肉羊的日粮应是将青绿饲料、粗饲料、青贮饲料、精料及各种补充饲料等合理搭配使用，配合的饲料既要有一定容积，肉羊采食后具有饱胀感，又要保证有适宜的养分浓度，使肉羊每天采食的饲料能满足其生产所需的营养。

（2）经济性原则

羊是反刍动物，可大量使用青粗饲料，尤其是可以将农作物秸秆处理后进行饲喂。羊对日粮中蛋白质的品质要求也不高。因此，配制日粮时应以青粗饲料为主，再补充精料等其他饲料，尽量做到就地取材，充分、合理地利用当地来源广泛、营养丰富、价格低廉的牧草、农作物秸秆和农副加工产品等饲料资源，以降低生产成本。

① 充分利用青粗饲料。青粗饲料种类多、来源广，生产上应该把青粗饲料作为肉羊日粮的主要饲料。南方地区常见的青粗饲料原料包括野青草、青牧草、青割饲草、青树叶、嫩树枝、水生饲草、青贮饲料和鲜蔬菜等，其主要特点是水分含量高，一般在80%以上。这些青粗饲料含有较多的粗蛋白质，含有丰富的维生素和矿物质，适口性好，消化率高，对肉羊的健康有良好的作用，是肉羊喜吃的饲料。

南方地区粗饲料资源主要包括农作物秸秆、秕壳、老树叶和老野草等，主要特点是粗纤维含量高，一般在20%～30%。由于羊能通过瘤胃里的微生物把粗纤维转化成可以消化利用的成分，所以应当把粗饲料作为肉羊的基础饲料。不仅能供给营养，还有很好的饱腹感。但粗饲料在日粮中的比重不宜过大，以不超过30%为宜；否则，肉羊采食量和日增重会逐渐降低。在冬季青粗饲料缺乏时，为使羊群长年不断青，可采用青贮饲料饲喂。

②合理搭配其他饲料。除了充分利用青粗饲料外，还可利用萝卜、瓜类、青菜等多汁饲料，因其汁多、适口、易消化，是妊娠母羊、哺乳母羊，特别是羔羊的优良饲料。

精饲料具有体积小，纤维含量少，营养丰富，消化率高的特点。在青粗饲料营养满足不了肉羊营养需要时，特别是舍饲或妊娠后期、哺乳期的母羊以及配种期的公羊，精饲料是其良好的补充饲料。同时，还要经常补充食盐、碳酸钙、磷酸钙、贝壳粉、石灰石、蛋壳粉、骨粉等矿物质饲料。因食盐含氯和钠，能增进肉羊食欲，促进消化、增膘和血液循环，每天应该饲喂一定量的食盐，用量为每只成年羊每天10 g左右，每只青年羊每天5～7 g，每只羔羊每天5 g以下，但如喂量过多，会导致羊只中毒，甚至死亡。

③非蛋白氮的利用。发育成熟的肉羊可以利用尿素、氯化铵等非蛋白氮，来满足肉羊对蛋白质的需求。尿素是氮含量约为45%的优质化肥，常作为肉羊日粮中的蛋白氮添加使用。添加尿素饲喂成本低、效果显著，可促进肉羊生长，饲喂量以肉羊体重的0.02%～0.03%为宜。虽然尿素对肉羊有效，但也只能解决日粮中蛋白质不足的问题，而不能代替日粮中全部蛋白质。

生产中常用少量温水溶解尿素，将其拌在切短的饲料里，随拌随喂。用尿素饲喂肉羊，如果使用不当也会起反作用，甚至会造成中毒死亡。因此，饲喂时应特别注意以下几点：一是羔羊的瘤胃发育不全，不能饲喂尿素；青年羊可以少喂，特别是体弱的羊应少喂或不喂。二是严格按规定用量使用，开始喂量约等于规定用量的10%，逐渐增加，10～15 d才增加到规定用量，切记不可超过用量，以免中毒。三是尿素吸湿性大，既不能单独饲喂，又不能放在水里饮用，即使拌在饲料中饲喂，喂后 60 min 内也不能饮水；否则，容易引起中毒。四是喂尿素的过程不要间断，若间断后再喂，必须重新从小用量开始饲喂，再循序渐进。五是若肉羊出现中毒现象，应立即进行抢救。中毒的表现是在食后 15～40 min 出现颤抖、动作紊乱。可用 50～100 g 食醋兑水 3～5 倍给肉羊灌服，调整瘤胃的酸碱度，阻止尿素在瘤胃内分解为氨，以减轻中毒症状。

（3）适口性原则

饲料的适口性与肉羊的采食量有直接关系。日粮适口性好，可增进肉羊的食欲，提高采食量；日粮适口性不好，肉羊食欲不振，采食量下降，不利于肉羊的生长，达不到应有的增重效果。因此，在一些适口性较差的饲料中加入调味剂，可使适口性得到改善，增进肉羊食欲。

（4）安全性原则

随着无公害食品和绿色食品产业的兴起，消费者对肉类食品的要求越来越高，希望能购买到安全、无公害、绿色的肉食品。因此，配合日粮时，必须保证饲料安全可靠。选用的原料应质地良好，保证无毒、无害、无霉变、无污染。在日粮中尽量不添加抗生素类等药物性添加剂。羊场应树立食品安全意识，对国家有关部门明令禁用的某些兽药及添加剂坚决不予使用。

2. 日粮配制步骤

（1）明确目标

日粮配制第一步是明确目标，不同的目标对配方要求有所差别。下面以为体重 20 kg 的育肥羊配制饲料，假设预期日增重 0.3 kg 为例。

（2）确定饲喂对象的营养需要量

国内外的肉羊饲养标准和部分品种自身的营养标准都可以作为

日粮配制的参考依据，养殖者可以根据实际情况进行选择性参考。

本书参考《肉羊饲养标准》（NY/T 816—2004），查得体重20 kg 育肥羊、日增重0.3 kg 对各营养的需要量（表5-1）。

表5-1　饲喂对象主要营养需要量

干物质采食量（kg）	消化能（MJ）	粗蛋白质（g）	钙（g）	总磷（g）
1.0	13.6	193	3.8	3.1

（3）选择饲料原料并确定其营养成分含量

根据当地资源选择将要使用的饲料原料，参考《肉羊饲养标准》（NY/T 816—2004）查出其营养成分，并注意扣除风干、新鲜原料的含水量。假定粗饲料选用青干草、苜蓿干草，精饲料选用玉米、豆粕，根据参考资料其营养成分见表5-2。

表5-2　主要饲料原料营养成分

原料	干物质含量（%）	营养成分（干物质基础）			
		消化能（MJ/kg）	粗蛋白质（%）	钙（%）	磷（%）
青干草	90.2	7.98	15.41	0.60	0.28
苜蓿干草	87.00	11.01	19.77	1.75	0.25
玉米	86.00	16.44	9.07	0.02	0.31
豆粕	89.00	15.84	46.97	0.35	0.56

（4）拟订饲料配方

① 确定粗料比例及采食需要量。本例中羊只日干物质采食需要量为1 kg，粗饲料采食需要量占采食量的35%～45%，按照40%确定，配合后的粗饲料原料日采食量为0.46 kg，其中青干草0.16 kg，苜蓿干草0.3 kg。

② 计算粗饲料营养水平及需要的精料营养水平。根据原料营养成分含量进行计算，精料补充料所需提供的某养分总量＝饲

料标准养分需要量－粗饲料所提供的养分总量，相关营养成分的计算结果见表5-3。

表5-3 粗饲料不同营养成分含量计算

原料	使用量（kg）	干物质（kg）	消化能（MJ/kg）	粗蛋白质（g）	钙（g）	磷（g）
青干草	0.16	0.14	1.12	21.37	0.84	0.39
苜蓿干草	0.30	0.26	2.87	51.60	4.56	0.66
合计	0.46	0.40	3.98	72.97	5.40	1.05
营养需要		1.00	13.60	183	3.8	3.10
精料需要量		0.60	9.62	110.03	－1.69	2.05

（5）草拟精料混合料配方

按精料原料及精料采食量试配精料中各原料用量，计算其营养成分含量，与精料需要量对比，直至接近，结果见表5-4。

表5-4 草拟配方及营养成分含量

原料	使用量（kg）	干物质（kg）	消化能（MJ/kg）	粗蛋白质（g）	钙（g）	磷（g）
玉米	0.50	0.43	7.07	45.35	0.10	1.33
豆粕	0.18	0.16	2.53	84.55	0.56	0.89
合计	0.68	0.59	9.60	129.90	0.66	2.22
精料需要量		0.60	9.62	110.03	－1.59	2.05
相差		－0.01	－0.02	19.87	2.25	0.17

（6）调整配方（试差法）

① 计算。配方拟好之后进行计算，将计算结果与《肉羊饲养标准》（NY/T 816—2004）进行比较，如果差距较大，应进行反复调整，直到计算结果与《肉羊饲养标准》（NY/T 816—2004）中规定接近。

② 补充矿物质饲料。首先考虑补磷，根据需要补充后，然后再用单纯补钙的饲料补钙。食盐的添加量一般按《肉羊饲养标

准》（NY/T 816—2004）的规定计算，不考虑饲料中含量。

③微量元素、维生素和其他添加剂。其添加一般使用预混料，并按照商品说明进行补充，也可自行额外配制。

（7）列出日粮配方和精料混合料配方

将配好的配方转换为风干基础及百分含量，并进一步调整为精料混合料配方，结果见表5-5至表5-8。

表5-5　日粮配方

原料	日粮组成（kg）	日粮配比（%）
青干草	0.16	13.80
苜蓿草	0.30	25.86
玉米	0.50	43.10
豆粕	0.18	15.52
食盐	0.01	0.86
微量元素预混料	0.01	0.86
合计	1.16	100.00

表5-6　配制日粮的营养成分

营养成分	日粮采食量
干物质（kg）	0.99
消化能（MJ/kg）	13.58
粗蛋白质（g）	202.88
钙（g）	6.04
磷（g）	3.27

表5-7　精料混合料的配制

原料	日粮组成（kg）	日粮配比（%）
玉米	0.50	71.50
豆粕	0.18	25.50
食盐	0.01	1.50
添加剂	0.01	1.50
合计	0.70	100.00

表5-8　配制精料混合料的营养成分

营养成分	日粮采食量
干物质（kg）	0.59
消化能（MJ/kg）	9.60
粗蛋白质（g）	129.90
钙（g）	0.65
磷（g）	2.22

3. 日粮配制的注意事项

(1) 充分考虑放牧肉羊的营养摄入

肉羊是群饲家畜，实际生产中对以放牧饲养的肉羊群，应在日粮中扣除放牧采食获得的营养量。另外，还要考虑不同季节羊群放牧所摄取的营养的差异性。

(2) 高温的影响

南方地区夏季多高温。在高温季节，肉羊的采食量有所下降，在配制饲料时应减少粗饲料含量，以平衡生理需要。同时，可适当使用抗高温应激的添加剂，如维生素C、氯化钾、碳酸氢铵、瘤胃素、酵母培养物，以及板蓝根、黄芪等中草药，均有很好的缓解效果。

(3) 尿素的添加

配制饲料时，若蛋白质饲料不足，可用尿素提供部分蛋白质的需要量，其量一般为日粮干物质总量的 1.0%～1.5%，且必须严格遵照尿素的饲喂方法进行饲喂。

第五节　全混合日粮配制技术

全混合日粮（total mixed ration，TMR）技术是根据反刍动物不同生长发育阶段和生产目的营养需要标准，采用饲料营养调控技术和多饲料搭配的原则，将各种粗饲料、精饲料及饲料添加剂进行充分混合加工而成的营养平衡日粮。TMR 技术的推广应用，极大地促进了肉羊舍饲化的发展。

1. TMR 技术的优势

反刍动物都具有一定的挑食性，传统的精粗分饲、混群饲养的饲养制度，粗料自由采食，精料限量饲喂，饲喂的随意性较大，日粮组成不稳定且营养平衡性差，瘤胃 pH 变化幅度大，破坏了瘤胃内消化代谢的动态平衡，不利于粗纤维的消化，导致饲料转化率低，粗饲料浪费严重，生产水平低下，不同程度上造成了反刍动物生长缓慢、饲养周期长、生产成本高、商品化程度低且产品质量差等问题，不适应现代畜牧业集约化规模生产和产业化发展的需要。而 TMR 是应用现代营养学原理和技术调制出来的能够满足肉羊相应生长阶段和生产目的营养需求的日粮，能够保证各营养成分均衡供应，实现反刍动物饲养的科学化、机械化、自动化、定量化和营养均衡化，克服了传统饲养方法中的精粗分饲、营养不均衡、难以定量和效率低下的问题。TMR 饲养方式与传统的饲养方式相比，避免了传统饲养方式下反刍动物挑食、摄入营养不平衡的缺点，可以使反刍动物瘤胃 pH 更加趋于稳定，有利于微生物的生长繁殖，改善了瘤胃功能，降低了消化和代谢疾病的发病率。另外，它可以降低适口性较差饲料的不良影响，某些利用传统方法饲喂适口性差、饲料转化率低的饲料，如鱼粉、棉籽饼、糟渣等，经过 TMR 技术处理后适口性得到了改善，有效防止了动物挑食，在减少粗饲料浪费的同时进一步开发饲料资源，提高干物质采食量和日增重，降低了饲料成本。

2. TMR 配制技术

（1）选择合适的饲养标准配制日粮

TMR 配方的设计是建立在原料营养成分准确测定和不同阶

段肉羊的饲养标准明确的基础上的，而我国目前所用的肉羊饲养标准大多参考国外标准，适合我国国情的肉羊饲养标准和肉羊常用饲料的营养参数尚不完备。因此，要选择一个最适的饲养标准。同时，根据羊场实际情况，要考虑肉羊胎次、妊娠阶段、体况、饲料资源及气候等因素进行干物质采食量预测及日粮设计，制订合理的饲料配方。干草如单独饲喂，应准确测定每只肉羊每天的采食量，以便准确配制日粮。

（2）定期测定饲料原料营养成分

TMR 由计算机进行配方处理，要求输入准确的原料成分含量，客观上需要经常调查并分析原料营养成分的变化，尤其是饲料原料中干物质含量和营养成分由于受产地、品种、部位、批次、收获时间和加工处理方式等影响而常有变化，个别指标甚至变化较大，常常导致实配饲料的营养含量与标准配方的营养含量有差异。为避免差异太大，有条件的羊场应定期抽样测定各饲料原料养分的含量。饲草分析至少每月 1 次，青贮饲料类型或质量有变动时应立即分析。青贮饲料切铡长度以 1.5～2.0 cm 为宜。

（3）合理分群

TMR 技术是针对羊只不同生理阶段和生产目的而建立的营养供需平衡方案。所以，羊只的分群技术是实现 TMR 定量饲喂工艺的重要前提。目前，羊场应用 TMR 技术还未严格科学分群，一定程度上影响了该技术应用的效果。理论上讲，分群越细越好，但是考虑到生产实践操作的便利性以及频繁分群导致的应激问题，分群的数目主要视羊群的生产阶段、羊群大小和现有的设施设备而定。主要有三种分群方案，方案一：分 2 个组群，即将公羊和母羊分开；方案二：分 3 个组群，即舍饲育肥群、种母羊群、种公羊群；方案三：分 7 个组群，即哺乳羔羊群、生长育肥群、空怀配种母羊群、妊娠母羊群、后备母羊群、后备公羊群、种公羊群，该方案适用于大中型羊场。另外，我国《肉羊饲养标准》（NY/T 816—2004）中将山羊划分为 5 个阶段，也可以作为分群的参考，生产中可以根据实际情况灵活调整。

（4）日粮饲料质量监控

饲料质量的好坏，关键是做好日常的质量监控工作，这包括含水量、搅拌时间、细度、填料顺序等。其中，原料水分是决定 TMR 饲喂成败的重要因素之一。含水量直接影响 TMR 配制时精粗饲料的分离程度，进而影响瘤胃内 pH 的变化，间接影响瘤胃内纤毛虫数量和酶活力。在实际生产中，一般认为 TMR 含水量以 35%～45% 为宜，过干或过湿都会影响羊群干物质的采食量，可用手握法简单判定 TMR 水分含量是否合适，即紧握不滴水，松开手后 TMR 蓬松且较快复原，手上湿润但没有水珠渗出则表明含水量适宜（含量 45% 左右）。

（5）原料预处理和搅拌方法

大型草捆应提前散开，牧草铡短，块根类冲洗干净，部分种类的秸秆应在水池中预先浸泡软化等，这些都有助于后续的加工处理。搅拌时要注意原料的准确称量，掌握正确的填料顺序，一般立式混合机是先粗后精，按"干草-青贮饲料-精料"的顺序添加混合。在混合过程中，要边加料、加水，边搅拌，待物料全部加入后再搅拌 4～6 min。如采用卧式搅拌车，在不存在死角的情况下，可采用先精后粗的投料方式。原料添加过程中，要防止铁器、石块、包装绳等杂质混入。另外，搅拌时间要合适，时间太短导致原料混合不匀；时间过长使 TMR 太细，有效纤维不足，使瘤胃 pH 降低，造成营养代谢病发生。因此，要在加料的同时进行搅拌混合，最后批次的原料添加完后再搅拌 4～6 min 即可。搅拌时间要根据日粮中粗料的长度适当调整，如粗料长度小于 15 cm 时搅拌时间适当缩短。通过 TMR 搅拌机的饲料原料的细度也要合适，一般用宾州筛测定，顶层筛上的物重应占总重的 6%～10%，生产中可根据实际情况做适当调整。

（6）TMR 品质鉴定

饲料品质的好坏一般需要有经验的技术人员鉴定。从外观上看，好的 TMR 精粗饲料混合均匀，精料附着在粗料表面，松散而不分离，色泽均匀，质地新鲜湿润，无异味，柔软而不结块。在实际生产中，技术人员要定期检查 TMR 的品质，首次饲喂时做好饲料过渡期的新旧料调整工作，确保 TMR 的饲喂效果。

(7) 科学管理

科学化管理，更注重细节，如肉羊的社会关系、妊娠前后采食量、充足供应饮水等。

3. TMR 制作的设备

大型养殖场的 TMR 都采用专门的 TMR 搅拌机（图 5-1）制作，主要包括立式 TMR 搅拌机、卧式 TMR 搅拌机、牵引式 TMR 搅拌机、自走式 TMR 搅拌机和固定式 TMR 搅拌机等。选择 TMR 搅拌机时，要充分考虑设备的各种耗费，包

图 5-1 TMR 搅拌机

括节能性能、维修费用及使用寿命等因素。使用中要做好机器日常的保养和维护工作，避免超时间、超负荷使用。

4. TMR 技术应注意的事项

(1) 饲养方式的转变应有一定过渡期

由放牧饲养或常规精粗料分饲转为自由采食 TMR 时，应有一定的适应期，使肉羊平稳过渡，以避免采食过量引起的消化疾病和酸中毒。

(2) 保持自由采食状态

TMR 可以采用较大的饲槽，也可以不用饲槽，而在围栏外修建一个平台，将日粮放在平台上，供肉羊随意采食。

（3）注意肉羊采食量及体重的变化

使用 TMR 饲喂时，泌乳中期和后期可通过调整日粮精粗料比来控制肉羊体重的适度增加。

（4）全混合日粮的营养平衡性和稳定性要有保证

在配制 TMR 时，饲草质量、计量的准确性、混合机的混合性能及 TMR 的营养平衡性要有保证。

（5）技术人员要求

全场需要根据肉羊生理阶段或生产性能进行分群饲喂，每一个群体的日粮配方各不相同，需要分别对待。这要求羊场的技术人员工作热情高，责任心强。

5. TMR 技术应用面临的主要问题

（1）各阶段肉羊饲养标准的建立和常用饲料营养参数的制订。

（2）精细化分群饲喂还存在很大困难。

（3）TMR 质量监控环节多。

（4）TMR 的配制要求所有原料均匀混合，青贮饲料、青绿饲料、干草需要专用机械设备进行切短或揉碎。为了保证日粮营养平衡，要求有性能良好的混合和计量设备。TMR 通常由搅拌车进行混合，并直接送到饲槽，需要一次性投入成套设备，设备成本较高。

第六章

南方牧草高效种植与利用

第一节　选择适宜优质牧草品种的方法

科学选择适宜牧草品种，是种草养羊的关键。选择种植品种时不但要考虑当地的地理气候条件、土壤状况、利用方式、栽培制度，还涉及品种的特性和品种之间的合理搭配等问题。

1. 根据地理气候条件选择适宜牧草

不同牧草种类和品种对气候的要求也不相同。我国南方地区地域广阔，气候差别大，在选择种植牧草的种类和品种时，如果没有满足牧草对地理气候条件的基本需求，就会导致产量下降，甚至不能正常生产。一般而言，南方地区牧草种植分为暖季型和冷季型。

暖季型牧草在春季播种或扦插种植，夏、秋季生长，冬季停止生长。常见的有杂交狼尾草、象草、苏丹草等多年生牧草和饲用甜高粱、青贮玉米等一年生牧草。其主要特点是牧草生长、利用时间长，牧草生长快、产量高、品质优。满足夏、秋季养殖场青绿饲料供应的同时，还是青贮饲料的主要原料。

冷季型牧草常在秋末播种，冬、春季生长，不能越夏。常见的有多花黑麦草、紫花苜蓿等。冷季型牧草利用周期短，产量不如暖季型牧草高，作为冬、春季羊只青绿饲料的补充利用。在南方水稻种植区，常利用冬闲田种植冷季型牧草进行肉羊养殖。

南方地区实现种草养羊生产，可以采用暖季型、冷季型牧草轮作的方式进行全年牧草种植，也可以根据土地资源情况选择性种植暖季型或冷季型牧草以供应饲草。

2. 根据土壤状况选择种植牧草

不同牧草对土壤的酸碱适用性有些差别，有的牧草耐瘠性强，有的牧草喜大肥大水栽培。应根据土壤状况和品种的适应性进行选择。在大面积种植前，可选择部分品种进行小面积试种，避免不必要的经济损失。同时，有些牧草品种虽然具有很强的耐瘠性，在逆境中都可以成活和生长，但如果满足不了其高效生产的水肥条件，则会严重影响其产量和品质。

3. 根据利用目的选择牧草种植

牧草可用的主要方式有青饲、青贮、晒制干草或加工草粉、放牧等。青饲草的种植首先要考虑牧草是否可直接饲喂，有些牧草直接饲喂可造成羊只中毒、膨胀病等，其次才考虑牧草的产量。此外，牧草的抗病性、抗倒伏性、是否耐刈割等也应该加以考虑。青贮饲草的种植，首先要考虑的是牧草的产量，能否多次刈割，植株的水分、粗蛋白质含量也需要重点考虑。人工割草地牧草种植，一般选择初期生长良好，短期收获量一般在 150 t/hm^2 或收获量更高的牧草品种。放牧地改良时，在考虑牧草丰产性的同时，应优先考虑再生能力强、密度大的品种。

4. 根据牧草品质及适口性选择牧草品种

不同牧草的品质差别较大。牧草的品质主要是指粗蛋白质含量、消化率、适口性等。豆科牧草的蛋白质和钙含量较高，其他矿物质元素和维生素含量也较高，适口性好，易消化；主要缺点是叶子干燥时容易脱落，调制干草时养分容易损失，只饲喂单一豆科牧草肉羊容易发生瘤胃臌气。禾本科牧草富含无氮浸出物，干物质中粗蛋白质含量为 10%～15%，不及豆科牧草，但其适口性好，没有不良气味，羊喜食。禾本科牧草容易调制干草和保存，且耐践踏、再生能力强，适用于放牧和多次刈割利用。

5. 根据多种牧草互补搭配原则

为了满足肉羊对饲草多样化的需求，生产中可采取暖季型和冷季型牧草轮作，越年生牧草与多年生牧草套种以及豆科牧草与禾本科牧草混播的方式进行牧草生产和利用。

第二节　我国南方牧草种植区划与牧草种植

1. 南过渡带气候特征及牧草种植

南过渡带主要由成都平原与华中、华东部分地区组成，包括四川省和重庆市的绝大部分地区、贵州省南部的少部分地区、安徽省中部、江苏省中部等地区。年平均气温为 6.7～16.1 ℃，年平均降水量为 780～1 683 mm，最冷月平均气温为 －3.2～3.3 ℃，最热月平均气温为 15.6～29.1 ℃。四季分明，降水丰富，局部地区靠降水即可满足牧草的生长发育。

这一地区的牧草种植地一般都是抛荒地及其他粮食作物产量较低的地区。适宜种植一年生饲用甜高粱、高丹草、苏丹草、狼尾草等抗热性较好的牧草，在冬闲田可大量种植多花黑麦草、白三叶、紫花苜蓿等。此外，该区域的林果地及亚热带灌草丛分布面积较大，应充分利用土地资源，发展林下种草、果园种草等农牧结合产业。

2. 云贵高原带气候特征及牧草种植

云贵高原带位于我国西南部，包括云南省东部、贵州省部分地区、广西壮族自治区西北部和四川、湖北、湖南等省边境，是我国南北走向和东北-西南走向两组山脉的交汇处，地势西北高、东南低，海拔1 000～2 000 m，是我国的第四大高原。

云贵高原带多维横断山脉，谷地燥热异常，适宜热带牧草种植，如狼尾草、百喜草、画眉草等。在高山地区可种植多年生黑麦草、猫尾草、白三叶等冷季型牧草。中部高原适宜种植白三叶、红三叶等抗寒牧草。在高原台地可种植白三叶、红三叶、多年生黑麦草等冷季型牧草。在滇南雨林区，应种植以臂型草、狼尾草等为主的暖季型牧草。

3. 温带潮湿带气候特征及牧草种植

温带潮湿带西起巫山，北到汉中、淮河，南至南岭、武夷山一带，主要以长江中下游平原为主。这一地区大致被大别山、九岭山、罗霄山分为东西两部分，在西部形成两湖平原，在东部形成皖中平原、长江三角洲及鄱阳湖平原。该地区水热条件充足，年积温可达5 000～7 000 ℃，降水量在北部地区可达1 000～1 200 mm，在南部地区达1 600～1 800 mm。该地区的降水主要分布在春季和夏末秋初，而7—8月是伏旱季节。

该地区是我国重要的粮产基地，以粮食作物、经济作物为主的种植业占有统治地位。水热条件充足，牧草生长旺盛，产量极高，具有我国北方所无法比拟的优越性。该区域牧草种植大体分为三大块：①平原区暖季型牧草种植；②平原区果林下及冬闲田冷季型牧草种植；③中高山多年生冷季型牧草种植。普通平原区适宜种植饲用甜高粱、狼尾草、白三叶、红三叶等。平原区的林果地及冬闲田可种植多花黑麦草等冷季型牧草。中高山地带可种植多年生黑麦草等抗寒性强、品质好的牧草。

4. 热带、亚热带气候特征及牧草种植

热带、亚热带位于我国南部，北与温带潮湿带相接，南面包括辽阔的南海和南海诸岛。西南界限是我国与越南、老挝、缅甸等国家的边界。本区包括我国台湾省、海南省、福建省东南部，

广东省和广西壮族自治区的中南部，云南省南部和西南部。

我国热带、亚热带地区最冷月平均气温 10 ℃以上，极端最低气温≥−4 ℃，日平均气温≥10 ℃的天数在 300 d 以上。多数地方年降水量为 1 400～2 000 mm，是一个高温多雨、四季常绿的热带-南亚热带区域。这里植物生长茂盛，种类繁多，有热带雨林、季雨林和南亚热带季风常绿阔叶林等地带性植被。现状植被多为热带灌丛、亚热带草坡和小片的次生林。该区山地多、平地少，林地较广，耕地不足，种植牧草应多选在林地、山地及坡度较大的丘陵地区，以免人畜争地。适于该区域种植的多为暖季型牧草，如臂型草、饲用甜高粱、苏丹草、杂交狼尾草等。在海拔 1 500 m以上的山区可种植白三叶、多年生黑麦草等冷季型牧草。

第三节　南方肉羊养殖常用禾本科牧草

禾本科牧草是牧草的一个主要类群，种类丰富。禾本科牧草生境极为广泛，有相当强的生态适应性，尤其在抗寒性及抗病虫害的能力上，远比豆科及其他牧草强。禾本科植物可作为肉羊饲料的约 60 属 200 种，主要包括野生和栽培两类。

1. 形态特征

禾本科牧草按分蘖类型分，可分为根茎型、疏丛型、密丛型、根茎疏丛型和匍匐茎型等；按株丛类型分有上繁草与下繁草之分。植株大小差异较大，一般高为 30～60 cm，最小的仅数厘米，如小米草属，最高的可达 4 m 以上，如芦苇。

（1）根

根系通常为须根。入土较浅，在表土层 20～30 cm，有的可达 1 m 以上。

（2）茎与分蘖

茎有节与节间，节间中空，称为秆。秆多圆筒状，少数为扁形，基部数节的腋芽长出分枝，称为分蘖，有鞘内分蘖和鞘外分蘖。

（3）叶

叶互生，叶脉平行，具叶鞘或叶舌，间有叶耳。叶鞘相当于叶柄，扩张为鞘状，包裹于茎上，边缘分离而覆叠，或多少结合。质地较韧，有保护节间基部柔软生长组织及疏导和支持作用。

（4）花

花两性，间有单性，多为圆锥花序，或为总状花序或穗状花序。小穗是禾本科的典型特征，由颖片、小花和小穗轴组成。

（5）果实

果实通常为颖果，少为瘦果或浆果，干燥而不开裂，内含种子 1 粒。种子有胚乳，含大量淀粉质，胚位于胚乳的一侧。

2. 生物学特性

（1）对光照的要求

各类禾本科牧草所需的光照度不同，夏季田间日光充足时，光照度为 85 000～110 000 lx，温带冷季型禾本科牧草单叶在光照度达 2 000～3 000 lx 时出现光饱和，而热带禾本科牧草直到 6 000 lx 时也未出现光饱和，在接近光饱和时温带冷季型禾本科牧草的光能转化度在 3% 以下，而热带禾本科牧草则为 5%～6%。

（2）对温度的要求

温带禾本科牧草生长适宜温度在 20 ℃以下，热带禾本科牧草生长适宜温度在 29～32 ℃，16 ℃以下生长甚微。冷季型禾本科牧草相对生长率在昼夜温度为 16～21 ℃和 25～30 ℃时最高，当温度增至 31～36 ℃时则生长缓慢；而暖季型禾本科牧草相对生长率在昼夜温度为 30～36 ℃时最高，当温度降至 10～15 ℃时则生长变慢。

（3）对土壤的要求

关于牧草对土壤墒情的抗性，抗干旱的牧草有无芒雀麦、苇状羊茅、冰草；耐湿的牧草有草地早熟禾、多年生黑麦草、老芒草；耐湿强的有草芦、小糠草、朱尾草等。具有根茎的禾本科牧草要求有充足的空气，土壤通气良好，通常生长在湿润土壤中的根茎呼吸增强，生长旺盛。适于生长在湿润土壤或积水中的禾本科牧草及密丛型禾本科牧草能在通气微弱的土壤中生长。

（4）对养分的要求

禾本科牧草对氮的要求较其他养分高。氮能促进分蘖和茎叶的生长，使叶片嫩绿，植株高大，茎叶繁茂，产草量高，品质好。许多研究表明，只要单纯供给氮素，禾本科牧草的蛋白质含量能达到或多于豆科牧草。供氮不足，对生长不利。

3. 利用价值

禾本科牧草的饲用价值大多数都很高，其蛋白质和钙含量虽较豆科牧草低，但如能适当施肥且合理利用，这种差异并不很大。禾本科牧草含有丰富的营养成分，特别是富含糖类及其他碳水化合物，在放牧条件下，禾本科牧草可满足肉羊对各种营养的需求。

热带禾本科牧草与温带禾本科牧草的饲用品质明显不同。温带禾本科牧草一般具有较少的粗纤维，在瘤胃中滞留时间较短，分蘖较多，利于放牧，粗蛋白质含量较高，消化率较高。

一般禾本科牧草具有较强的耐牧性，践踏仍不易受损，再生性强，调制干草时叶片不易脱落，茎叶干燥均匀。由于含较多的糖类，易于调制成品质优良的青贮饲料。栽培牧草中约 75% 为禾本科牧草。

4. 南方地区主要禾本科牧草

（1）黑麦草属牧草

黑麦草属是一年生或多年生草本植物，丛生（图 6 - 1、图 6 - 2）。叶长而狭，叶面平展，叶脉明显，叶背有光泽。具有产草量高（亩产鲜草可达 5 t 以上）、适应性广、抗倒伏与抗病虫害能力强的优点。我国南方地区的各省（自治区、直辖市）都可种植黑麦草进行肉羊养殖。

图 6-1　多花黑麦草　　　　　图 6-2　果林套种多花黑麦草

当白天气温为 10～30 ℃ 时，播种黑麦草都能很好地发芽，南方地区多在 9—11 月进行秋播和在 2 月初进行春播都可收获牧草，但在 9 月中旬至 10 月中旬播种的牧草产量最高，随播种时间的推迟，牧草产量逐渐降低。

黑麦草对氮肥反应敏感，施肥能大大提高鲜草产量与质量。播种前要施足基肥，出苗后在三叶期和分蘖期各追肥一次，每次施 75～150 kg/hm² 的尿素或复合肥。每次刈割后，也应追施 150 kg/hm² 尿素或复合肥，促进其再生。施肥最好在收割 3～5 d 后再进行，施肥后要及时灌溉。此外，还要及时排出田间积水，防止烂根；干旱时要及时灌水，避免黑麦草枯萎影响产量。

（2）杂交狼尾草

杂交狼尾草又名杂交象草，是美洲狼尾草和象草的杂交种（图 6-3、图 6-4）。杂交狼尾草为禾本科狼尾草属多年生草本植物，植株高度为 3.5～4.5 m，茎圆形，丛生，粗硬直立。根深密集。分蘖 20 个左右，每个分蘖茎有 20～25 个节。须根发达，根系扩展范围广，主要分布在 0～20 cm 土层内，下部的茎节有气生根。叶长条形，互生，每个分蘖茎每节上有 1 个侧芽和 1 枚叶片，叶片长为 60～80 cm，宽为 2.5 cm 左右；杂交种多为三倍体，不能形成花粉，子房发育不良，通常不能结实。

图 6-3　杂交狼尾草种植

图 6-4　羊群在杂交狼尾草草地放牧

杂交狼尾草基本综合了象草高产和美洲狼尾草适口性好的优点。在长江中下游地区亩产鲜草可达 10 t，华南地区可高达 15 t，甚至更高。其茎叶柔嫩，适口性好，可作为草食动物的青绿饲料，年内可刈割 6～8 次。该草营养价值高，除了刈割作青绿饲料外，也可以晒干草或调制青贮饲料。

杂交狼尾草宜春季扦插种植，种植密度为株行距 50 cm×50 cm，栽培时取具有 2～3 芽的健壮种茎，芽眼朝上，覆土 1～2 节，露出地面 1 节；种植前可结合整地施有机肥 15～30 t/hm²，或施用复合肥 450～600 kg/hm²，在南方不同的海拔地区年可刈割 3～5 次，每次刈割后再追施尿素 300～450 kg/hm²。

（3）苏丹草

苏丹草（图 6-5）原产于北非苏丹高原地区，为高粱属一年生禾本科牧草，根系发达，入土深达 2 m 以上，60%～70% 的根分布在耕作层，水平分布 75 cm，近地面茎节常产生具有吸收能力的不定根。茎高为 2～3 m，分蘖多达 20～

图 6-5　苏丹草

100 个。叶条形，长为 45～60 cm，宽为 4～4.5 cm，每茎长有

7～8 枚叶片，表面光滑，边缘稍粗糙，主脉较明显，上面白色，背面绿色。

苏丹草喜温不耐寒，尤其幼苗更不耐低温，遇 2～3 ℃气温即受冻害，种子发芽最低温度为 8～10 ℃，最适温度为 20～30 ℃。由于根系发达，且能从不同深度土层吸收养分和水分，所以抗旱力较强。生长期遇极度干旱可暂时休眠，雨后即可迅速恢复生长。不过，产量与生长期供水状况密切相关，尤其是抽穗开花期需水较多，应合理灌溉。应注意的是，苏丹草不耐湿，水分过多易遭受各种病害，尤易感染锈病。苏丹草对土壤要求不严格，只要排水良好，在沙壤土、重黏土、弱酸性土和轻度盐渍土上均可种植，而以在肥沃的黑钙土、暗栗钙土上生长最好。

（4）饲用甜高粱和高丹草

饲用甜高粱（图 6-6）为热带一年生饲用植物，株高为 2～4 m，具有分蘖能力和再生性强等特性。其抗旱性能、耐盐碱、耐瘠薄和耐涝的特性明显高于青贮玉米，因而适应性非常广，能很好地适应南方高温多雨的气候。也是一种良好

图 6-6　饲用甜高粱

的夏季应急作物，在发生干旱、洪涝灾害后种植。

饲用甜高粱性喜温暖，对低温和霜害较为敏感。已长成的植株具有一定的抗寒能力，幼苗在 0 ℃时植株容易受害。一般情况下，种子 7～8 ℃开始发芽，但多在 12 ℃以上的温度下播种。生育期要求温度也较高，适宜生长温度为 18～30 ℃。条播行距为 35～40 cm，每垄每米确保有 25～30 株苗，穴播或点播更容易控制播种量。每亩*施 1.5～2 t 农家肥或 40～50 kg 普钙作底肥。

---

　*　亩为非法定计量单位。1 亩＝1/15 hm²。

要获得高的生物产量，每次刈割后每亩施尿素 3～5 kg 以及及时灌水。高丹草也是一年生饲草品种，其栽培、田间管理和利用方式与饲用甜高粱相似。

第四节　豆科牧草

豆科牧草能通过共生细菌进行固氮，又因其根系入土较深，能吸收土壤深层的磷、钙，增加土壤有机质，对土壤结构的改良和土壤肥力的提高具有重要作用。

1. 形态特征

（1）根

直根系，分为三种类型：主根型，如紫花苜蓿，主根粗壮发达，可深达数米至 10 多米；分根型，如红三叶，主根不发达，而分根发达；主根分根型，如草木樨，根系发育介于上述二者之间。这三种类型均着生根瘤，根瘤内的根瘤菌能固定空气中的氮素。

（2）茎

多为草质，少数坚硬似木质，一般圆形，也有棱角或近似方形，光滑或有毛、有刺，茎内有髓或中空。株形分四种类型：直立型，茎枝直立生长，如红豆草、紫花苜蓿、红三叶、草木樨等；匍匐型，茎匍匐生长，如白三叶；缠绕型，茎枝柔软，其复叶的顶端叶片变为卷须攀缘生长，或匍匐生长于地面成短小离乱的茎，如毛苕子；无茎型，没有茎秆，叶从根茎上发生，这种草低矮，产量低，如沧果紫云英、中亚紫云英等。

（3）叶

初出土为双子叶，成苗后叶常互生，分为羽状复叶和三出复叶两类，稀为单叶。羽状复叶有毛苕子、沙打旺等，三出复叶有红三叶等，均有托叶。

（4）花及花序

蝶形花，多为两性，花冠的旗瓣大而开展，并具色彩，便于吸引昆虫；翼瓣在其左右两侧略伸长，成为可供昆虫停立的平台；龙骨瓣背部边缘合生，将雌蕊、雄蕊包裹在内，防止雨水或有害虫类侵袭。花序多样，通常为总状或圆锥花序，有时为头状或穗状花序，腋生或顶生。

（5）果实

大多为荚果。典型的荚果通常由 2 片果瓣组成，1 室，种子着生在腹缝线上。种子无胚乳，子叶厚，种皮革质，难以透水、气，硬实率较高。

2. 生物学特性

（1）对水分的要求

多年生豆科牧草的蒸腾系数较多年生禾本科牧草稍低，但比农作物高得多。水分低于土壤饱和持水量的 50％时，豆科牧草很明显地减少并有抵制蒸腾的能力。豆科牧草的需水量因种类而异，紫花苜蓿、红三叶等需水量多；而黄花苜蓿、草木樨、沙打旺等需水量较少。豆科牧草对水分过多较为敏感，尤其在秋季常因土壤积水而受淹死亡。而在春季因土壤解冻后的过分潮湿，则影响不大，如草藤、杂三叶、红三叶等都能忍耐地面水淹。

（2）对土壤空气的要求

土壤通气良好，有显著的下降水流，同时底土渗透性良好是豆科牧草生长发育良好的必需条件。分根型豆科牧草根系较浅，土壤表层通气良好，根茎上才能长出较多的新芽。主根型豆科牧草根系深，土壤底层的通气较为重要。

（3）对温度的要求

热带豆科牧草的生长最低温度、最适温度、最高温度分别为 15 ℃、30 ℃、40 ℃，其相对生长率在昼夜温度为 31～36 ℃时达到最高。温带牧草的生长最低温度、最适温度、最高温度分别为

5 ℃、20 ℃、35 ℃，温带豆科牧草对低温逆境不十分敏感，对高温逆境反应敏感。相反的，热带豆科牧草对低温逆境十分敏感。

（4）对光照的要求

多数豆科牧草是喜光植物。豆科牧草对光照度较禾本科牧草敏感。紫花苜蓿比百脉根能在弱光下生产较多的干物质，多数豆科牧草在光照度达 20 000～30 000 lx 时出现光饱和。

（5）对养分的要求

豆科牧草能固定根瘤菌而直接利用大气中的游离氮，对氮肥不如禾本科牧草敏感，但对磷、钾、钙等元素非常敏感，从土壤中吸收的磷、钾、钙等元素的量也较禾本科牧草多。

3. 利用价值

豆科牧草含有丰富的蛋白质、钙和多种维生素。开花前粗蛋白质占干物质的 15％以上，在 100 kg 饲草中，可消化蛋白质达 9～10 kg。其鲜草含水量较高，草质柔嫩，大部分草种的适口性好。因其生长点位于枝条顶部，可不断萌生新枝，再生能力较强，开花结实期甚至种子成熟后茎叶仍呈绿色，故利用期长。调制成干草粉的豆科牧草因纤维素含量低，质地绵软，可代替部分豆粕和麦麸作精料饲用。

豆科牧草及其籽实含有丰富的蛋白质，在开花初期粗蛋白质含量为 13％以上，多数在 20％左右，高的可达 25％，因而被称为蛋白饲料。同时，豆科牧草纤维含量少，富含钙，鲜草中含有较丰富的维生素。消化率高、质地优良、适口性好，肉羊可达喜食或最喜食程度，属牧草之首。

4. 南方地区主要豆科牧草

（1）紫花苜蓿

紫花苜蓿（图 6-7）原产于伊朗，是当今世界上分布最广的栽培牧草。紫花苜蓿有"牧草之王"的称号，表现在饲用上的突出优点：

① 产草量高。紫花苜蓿的产草量因生长年限和自然条件不同而变化范围很大，播后 2～5 年每亩鲜草产量一般为 2 000～4 000 kg，干草产量为 500～800 kg。在水热条件较好的地区每亩干草产量为 733～800 kg；干旱低温地

图 6-7　紫花苜蓿

区，每亩干草产量为 400～730 kg；荒漠绿洲的灌区，每亩干草产量为 800～1 000 kg。

② 利用年限长。紫花苜蓿寿命可达 30 年之久，田间栽培利用年限多达 7～10 年。其产量在进入高产期后随年龄的增加而下降。但多年生紫花苜蓿在我国南方部分热带和亚热带地区无法越夏，常作为一年生牧草品种种植利用。

③ 再生性强，耐刈割。紫花苜蓿再生性很强，刈割后能很快恢复生机，一般一年可刈割 2～4 次，多者可刈割 5～6 次。

④ 草质好、适口性强。紫花苜蓿茎叶柔嫩鲜美，无论是青饲、青贮、调制青干草、加工草粉，还是用于配合饲料或混合饲料，各类畜禽都喜食。

⑤ 营养丰富。紫花苜蓿茎叶中含有丰富的蛋白质、矿物质、多种维生素及胡萝卜素。紫花苜蓿鲜嫩状态时，叶片重量占全株的 50% 左右。叶片中粗蛋白质含量比茎秆高 1～1.5 倍，粗纤维含量比茎秆少 50% 以上。值得注意的是，紫花苜蓿蛋白质含量高，羊只过多地单一采食紫花苜蓿容易引起瘤胃膨气，应在生产中合理利用。

(2) 三叶草

三叶草（图 6-8），常见的有白三叶和红三叶两种。它是豆科牧草中分布最广的一类，几乎遍布全世界，尤以温带、亚热带

分布最多。红三叶是一种优质、高产的刈割和放牧型多年生牧草。可晒制干草，也可青刈利用。放牧牛、羊发生膨胀病比白三叶少。与多年生黑麦草、鸭茅等混播可提高饲用价值。

图6-8　三叶草

① 适口性好，营养价值高。可消化蛋白质较苜蓿低，而总可消化营养及净热量较苜蓿略高，生长时间越长刈割后干物质总产量越高，开花期蛋白质含量最高，纤维素随生长期延长而迅速增加。

② 抗逆性强，适应性广。对土壤要求不高，耐贫瘠、耐酸，最适排水良好、富含钙质及腐殖质的黏质土壤，不耐盐碱、不耐旱，只要在降水充足、气候湿润的条件下，在排水良好的各种土壤中都能正常生长。

③ 主要用于放牧草地种植。

（3）圆叶决明

圆叶决明（图6-9）是一种半灌木半直立多年生豆科草本植物，原产于中美洲和南美洲。圆叶决明的特点：

① 具有耐酸、耐瘦瘠、抗高铝、易种植、产量高、营养价值丰富的良好特性，是热

图6-9　圆叶决明

带、亚热带酸性瘠薄红壤区人工草地种植的一个优良草种。

② 可单播，收割后鲜喂或晒干加工成草粉可作为价值较高的蛋白质饲料，可代替部分精料配合肉羊日粮。圆叶决明与禾本科牧草混播生长良好。

③ 枯枝落叶、根瘤可改良土壤，具有广泛的推广价值。

(4) 印度豇豆

印度豇豆原产于非洲中部，我国南方各地均有栽培，以长江以南及西南诸省较多。印度豇豆的特点：

① 产量较高。单种时每亩鲜草产量为 2 000～3 000 kg，干草生产率为 25%～30%。由于茎细叶多，病虫害少，缠绕生长，所以是高秆禾本科牧草的理想混播品种。

② 青绿多汁，适口性好，营养丰富。鲜草干物质中粗蛋白质含量为 16.3%，可消化总养分为 54.6%，粗脂肪为 3%，粗纤维为 23.3%，无氮浸出物为 43%，粗灰分为 12.3%。

③ 豆荚可供食用，茎叶可供饲用，根瘤是极好的肥料。与青刈玉米、青割高粱、杂交狼尾草、象草等禾本科牧草混播，不仅可以提高饲料产量，还可以提高饲料品质，是理想的青贮饲料原料。但是，青刈豇豆喂牛羊时要控制喂量，以防膨胀病的发生。其喂量与喂法与一般豆类相同。

(5) 红豆草

红豆草，别名驴食豆、驴喜豆、圣车轴草等，是一种优质、高产（亩产鲜草 1 400～3 600 kg）、耐瘠薄、抗旱、抗寒的多年生牧草。北方播种面积仅次于苜蓿。红豆草因花色美丽且有良好的饲用价值而被誉为"牧草皇后"。可用于青饲、青贮、放牧、晒制青干草、加工草粉、配合饲料，各类家畜都喜食，反刍家畜青饲、放牧时不发生膨胀病。

第七章

南方粗饲料资源加工技术

粗饲料是肉羊日粮的重要组成部分。我国南方大部分地区水热条件充足，高温多雨同期，适合植物生长，可用于肉羊养殖的粗饲料资源非常丰富，主要包括牧草、灌木枝叶、农业副产品等。粗饲料资源，如秸秆、秕壳和竹笋壳等，由于适口性差、可消化性低、营养价值不高，直接单独饲喂肉羊，难以达到应有的饲喂效果。为了获得较好的饲喂效果，生产中常对这些粗饲料进行适当的加工调制和处理。同时，在养殖生产中为了解决天然粗饲料资源季节性供应不均衡，常将夏、秋季多余的牧草、农作物秸秆等以青贮、微贮等方式进行加工储存，以满足冬、春季粗饲料的供应。

第一节　粗饲料青贮技术

青贮饲料是将含水率为 65%～75% 的青绿饲料、饲草等切碎后，在密闭缺氧的条件下，通过厌氧乳酸菌的发酵作用而得到的一种粗饲料。青贮饲料气味酸香、柔软多汁、营养丰富、利于长期储存，是肉羊重要的优良饲料来源。在粗饲料的调制加工工艺中，青贮是一种实用、易推广的技术。

在生产应用中青贮技术得到不断改进，从传统的单一秸秆青贮发展到多种形式的添加剂青贮、豆科禾本科原料的混贮、草捆青贮、拉伸膜裹包青贮、半干青贮、真空青贮等多种形式，青贮内容不断丰富。

1. 青贮的基本原理

青贮是利用微生物厌氧发酵来保存青绿饲料营养的一项技术。青贮饲料的原理主要是依靠乳酸菌发酵。当把青贮设施封好后，内部的氧气逐渐减少，乳酸菌大量繁殖，产生大量乳酸，pH 快速下降，把其他杂菌杀死，最后达到一定酸度后，乳酸菌自身也停止活动，几乎形成无菌状态，使青贮饲料可以长期保存。

青贮发酵过程受物理因素、化学因素和微生物因素等的制约。因此，掌握青贮调制技术，首先有必要了解从装填原料到完成青贮的过程中所发生的变化和理论。青贮发酵过程与多种微生物有关，根据环境因素、微生物种类和物质变化，将正常的青贮发酵过程大体分为 5 个阶段（表 7-1）。

表 7-1 青贮发酵过程中的物质变化

阶段	环境条件	变化主因	物质变化	周期
1	好气	植物细胞	碳水化合物氧化成二氧化碳和水	1～3 阶段共需 3 d
2	好气	好气性细菌	碳水化合物氧化成醋酸	
3	厌氧	乳酸菌	碳水化合物开始转化成乳酸	
4	厌氧	乳酸菌	乳酸增加到 1.0%～1.5%，pH 4.2 以下	2～3 周
5	厌氧	乳酸菌	乳酸生产量不足，碳水化合物、乳酸转化成酪酸，氨基酸转化成氨	2～3 周后

（1）植物呼吸阶段

新鲜植物切碎、装窖后，最初植物细胞尚未完全死亡，还能进行有氧呼吸，将植物分解成二氧化碳和水，并放出能量，造成养分的损失。如果将原料压紧，排出间隙中的空气，则可使植物细胞尽快死亡，减少养分、能量的损失。

（2）微生物作用阶段

青贮的主要阶段。青贮原料上附着的微生物，可分为有利于青贮的微生物和不利于青贮的微生物两种。对青贮有利的微生物主要是乳酸菌，它们的生长繁殖要求湿润、缺氧的环境和一定数量的糖类；对青贮不利的微生物有丁酸菌、腐败菌、醋酸菌、真菌等，它们大部分是嗜氧和不耐酸的菌类。要使青贮成功，就必须为乳酸菌创造有利的繁殖条件，同时抑制其他细菌繁殖。乳酸菌在青贮的最初几天数量很少，比腐败菌的数量少得多。但几天后，随着氧气的耗尽，乳酸菌数量逐渐增加，变为优势菌。由于乳酸菌能将原料中的糖类转化为乳酸，所以乳酸菌浓度不断增加，当酸度达到一定数值时，就可抑制包括乳酸菌在内的各种微生物的活动，尤其是腐败菌在酸性环境下很快死亡。

（3）青贮完成阶段

乳酸菌的繁殖及产生乳酸的多少与青贮原料有关。多糖饲料乳酸产生较快，蛋白质含量高而糖含量低的饲料乳酸产生较慢。当青贮饲料的 pH 下降到 4.0 左右时，所有的微生物包括乳酸菌在内均停止活动。这样饲料就在乳酸的保护下长期储存下来，而不会腐烂变质。乳酸菌将糖分解为乳酸的反应中，不需要氧气，能量损失也很少。

2. 决定青贮品质的关键因素

（1）缺氧环境

乳酸菌只有在厌氧条件下才能大量繁殖，所以制作青贮饲料时要尽量创造缺氧环境。具体做法是将青贮原料切短，装窖时要压实，装满后窖顶要封严。在制作青贮饲料过程中，厌氧条件是逐渐形成的，封窖后窖内总有残留的空气，好气性微生物就利用这些残留的空气进行活动和繁殖。用新鲜原料做青贮饲料时，植物细胞还在呼吸，也需要空气。当这些残留的空气完全被消耗后，才能为乳酸菌真正创造厌氧条件，所以制作青贮饲料时最好利用新鲜原料，以尽快形成厌氧环境。

（2）适宜的窖温和原料含水量

青贮原料的含水量在 65%～70%最好。简便测定方法是把切碎的原料用手握紧，在指缝中能见到水但又不能流出来，就是适宜的含水量。含水量少时，不易压紧，窖内残留空气多，不利于乳酸菌的增殖，易使窖温升高，青贮饲料易腐烂。含水量过多不能保证乳酸的适当浓度，原料中营养物质易随水分流失，所以过湿的青贮原料应稍干后或加入一定比例的糠麸吸收水分。过干的原料可以加入含水量过高的原料混合青贮。青贮温度应当控制在 20～35 ℃，温度过高易发霉。青贮时掌握好压紧排气的原则，可以控制青贮的温度。

（3）青贮原料的糖分

乳酸菌利用糖分制造乳酸并大量繁殖。当乳酸增多，pH 降到 4 时，各种厌氧菌包括乳酸菌在内都停止活动，饲料才能长期储存。禾本科植物（玉米）含糖多，是制作青贮饲料的好原料。豆科植物，如苜蓿、花生秧等含糖少，含蛋白质高，不宜单独制作青贮饲料，最好与禾本科植物混合青贮。

（4）青贮的发酵过程

青贮的发酵是一个复杂的微生物活动和生物化学变化过程。其过程大致可分为氧气耗尽期、微生物竞争期、乳酸积累期和相对稳定期四个阶段。

① 氧气耗尽期。原料装窖后，里面残留的氧气有两个途径进行消耗：一是装填的青绿饲料，其中的细胞还未死亡，要进行呼吸代谢活动，消耗氧气，分解碳水化合物，产生热量、二氧化碳和水。二是好气性微生物的繁殖，包括好气性细菌、酵母菌、霉菌等，分解原料中的蛋白质、糖类产生氨基酸、乳酸和醋酸等物质，使窖内 pH 下降，酸度提高。这一阶段持续 1～3 d。从营

养学分析，这一阶段越短越好，可以减少营养物的损失，更好地促进厌氧菌的发酵。

② 微生物竞争期。这一阶段是好氧菌和厌氧菌、其他菌与乳酸菌进行竞争优势菌群的时期。当氧气消耗殆尽后，植物细胞和好氧菌的生命活动都基本停止，厌氧菌逐渐成为优势菌群，它们在适宜的环境中大量繁殖，经过糖酵解作用产生乳酸、醋酸、丁酸等酸类物质，使环境 pH 急剧下降，有效地遏制了不耐酸的腐败菌的生长繁殖。乳酸菌逐渐成为优势菌群，进入乳酸积累期。

③ 乳酸积累期。这是决定青贮成功与否的关键时期。在这一时期，乳酸菌以原料中可溶性碳水化合物为底物，迅速繁殖成为青贮饲料中的优势菌，在适宜的温度、酸度、湿度条件下生长繁殖旺盛，产生大量乳酸，致使 pH 进一步下降。这一阶段产生的乳酸有利于整个青贮饲料营养价值的提高，同时使窖内保持酸性环境，抑制有害菌群。这一阶段时间较长，需 20～30 d。高水平的乳酸含量使有害微生物的活动受到抑制，甚至死亡，当 pH 达到一定程度时，乳酸菌自身的活动也受到抑制，逐渐形成一个稳定的状态。

④ 发酵稳定期。经过乳酸菌发酵以后，乳酸的量得到积累，最后的生成量能达到鲜料重的 1%～1.5%，pH 下降到 4.2 以下。此时，各种微生物，包括乳酸菌的活动都受到抑制或者被杀死，窖内形成无菌、真空、酸性环境，因而能长期储存。青贮饲料从装填制作到开启应用，至少要经过一个半月到两个月的时间。

3. 青贮的制作

青贮的原料主要是玉米秸秆、牧草等粗饲料，调制青贮饲料也是合理利用农作物秸秆的一种有效途径，对于实现农业资源的循环利用具有重要意义。青贮的方法包括一般青贮法（常规青贮）和特殊青贮法。特殊青贮法又分为半干（低水分）青贮法和添加剂青贮法等。

（1）青贮原料的选择

用于制作青贮饲料的原料必须有一定的含糖量，所以多为禾本科牧草和饲料作物。最常用的青贮原料就是青贮玉米或一般的作物玉米，在玉米蜡熟期刈割，切短制作青贮饲料。而豆科牧草或豆科作物类秸秆因鲜草的含糖量少，蛋白质较多，饲料的缓冲度大，因而鲜豆科牧草原料单独青贮很难成功，可以采用半干青贮、与禾本科混贮、添加剂青贮等方法来完成。制作青贮饲料的原料要求水分含量适中，一般为 50%～70%，能获得良好的青贮效果。

（2）青贮添加剂选择

青贮添加剂能起到抑菌、酸化、防腐败等作用，按起作用的物质性质可以分为化学性添加剂和生物性添加剂两大类。

① 化学性添加剂。这类添加剂主要是酸类，包括盐酸、硫酸、甲酸、乙酸、丙酸、丙烯酸等。其作用是降低青贮饲料 pH，快速酸化，直接形成适于乳酸菌繁殖的环境，使乳酸菌在短时间内大量繁殖，抑制霉菌等有害微生物的生长。同时，有防腐、防霉的功效。

② 生物性添加剂。化学性添加剂多为化学试剂，但往往具有腐蚀性，羊只采食存在安全隐患，有添加量较大、成本高和操作不便等缺点。而生物性添加剂具有生态安全、应用简易、成本低廉的优点。常用的生物性添加剂主要包括绿汁发酵液、乳酸菌菌剂等。

（3）青贮设施

常见的青贮设施有青贮池、青贮塔、青贮袋等。

① 青贮池。青贮池是大型养殖场应用最多的一种方式，有地下式、地上式、半地下式 3 种。如果地下水位不是很浅，一般采用地下式青贮池，根据所需容量不同，深为 1～2 m，宽为 1～4 m，长度可根据容积要求设定。青贮池的建造要求不透水、不透气、密封性能好，多采用砖石砌壁，水泥挂面，使表面平滑。一般为长方形池，纵截面可做成下窄上宽的梯形，这样更有利于

压实，也可做成长方形。青贮池上边缘要高出地面 30～60 cm，防止雨水流入。大型青贮池可做成一端斜面开放式，作为进料和出料的通道。

② 青贮塔。一般为圆形塔。占地面积小，青贮容量大，但建塔投资较高，青贮时需要设备从塔顶部灌注原料，所以一般用于大型饲养场。

③ 青贮袋。青贮袋方式在小区或个体养殖中应用较多。以无毒的聚乙烯塑料布为材料做成内袋，外面再套一层编织袋，以防止内袋被划破。拉伸膜裹包青贮也是在袋贮的基础上发展起来的。

在实际生产中可因地制宜利用废弃的房屋或水泥池等，经过修补，只要能保证良好的密封性能就可以作为青贮的设施。

(4) 青贮种类

① 一般青贮。也称普通青贮，即对常规青绿饲料（如青刈玉米），按照一般的青贮原理和步骤，使之在厌氧条件下进行乳酸菌发酵，将饲料中的淀粉和可溶性糖变成乳酸而制作的青贮。一般含水量在 65%～75%。

② 半干青贮。也称低水分青贮，具有干草和青贮饲料两者的优点，是近年来国内外盛行的制作青贮饲料的方法。它将青贮原料风干到含水量为 40%～55%，使微生物处于生理干燥状态，生长繁殖受到抑制，饲料中微生物发酵弱，养分不被分解，从而达到保存养分的目的。该类青贮由于水分含量低，其他条件要求不严格，故较一般青贮扩大了原料的范围，而且还克服了高水分青贮原料由于排汁所造成的营养损失。

③ 特种青贮（添加剂青贮）。特种青贮是在青贮时加进一些添加剂来影响青贮的发酵作用。如添加各种可溶性碳水化合物、接种乳酸菌、加入酶制剂等，可促进乳酸发酵，迅速产生大量乳酸，使饲料酸碱度很快达到要求（pH 3.8～4.2）；或加入各种酸类、抑菌剂等可抑制腐败菌等不利于青贮的微生物生长，如新

鲜牧草青贮可按 10 g/kg 比例加入甲醛∶甲酸（3∶1）的混合物；或加入尿素、氨化物等可提高青贮饲料养分含量的物质。这样可提高青贮效果，扩大青贮原料的范围。

（5）制作过程

① 切短。在添窖前把青贮原料切短有两方面的作用：一是方便装填时把窖内原料压实，尽可能把其中的空气排出；二是切短处理可以使原料细胞内更多的含糖汁液渗出，有利于乳酸菌发酵。一般禾本科作物或牧草在适宜收割期收割后，大窖青贮切短到 3～4 cm。

② 装填、压实。原料在切短的同时要进行装填和压实，在生产中一般把粉碎机安装在青贮窖的周围，直接把原料切短后添在窖内，同时用机械或人工进行压实，层层装填，层层压实。如果在青贮过程中要加入添加剂，则要在装填过程中层层加入，这样有利于添加剂与原料充分混合。装填的原料都是新鲜原料，经过一段时间的发酵会部分下陷，因此在装填过程中要使装填的饲料高出青贮窖边缘 30 cm 左右。

③ 覆盖。装填完毕后立即用无毒聚乙烯塑料薄膜覆盖，将边缘部分全部封严，然后在塑料薄膜上面再覆盖 10～20 cm 土层，确保不漏水、不透气。

（6）青贮过程中要注意的问题

一般青贮原料压得越实越好，但是如果青贮原料幼嫩部分较多，含水量较高，压得过于紧实会使其中的汁液大部分流失，且饲料容易结块、发生霉变。一般装填紧实程度适中的饲料，发酵温度在 30 ℃左右，最高不超过 38 ℃。豆科类饲料原料，制作青贮饲料与上述要求有所不同，按常规方法难以制成优质青贮饲料。因此，新鲜的豆科类饲料原料一般要与禾本科饲料原料混贮，或者晾晒失去部分水分后进行半干青贮，也可半干后打捆进行青贮。

4. 青贮的品质鉴定

青贮饲料在饲用之前，或在使用之中，应当正确地评定其营养价值和发酵品质，一般包括感官评定、化学评定（有机酸及微生物评定）。有机酸及微生物的检测是判断青贮饲料品质好坏最关键、最直接的评判指标，但是青贮饲料生产现场大多只能进行感官评定，化学评定需要在实验室内进行。通过品质鉴定，可以检查青贮饲料的品质，判断青贮饲料营养价值的高低及是否存在安全风险。

（1）青贮饲料样品的采取

因青贮设施结构的不同、青贮制作过程中操作上的差异，青贮饲料在不同部位的质量存在一定差别，为了准确评定青贮饲料的质量，所取的样品必须有代表性。首先清除封盖物，并除去上层发霉的青贮饲料；再自上而下从不同层中分点均匀取样。采样后应马上把青贮饲料填好，并密封，以免空气混入导致青贮饲料腐败。采集的样品可立即进行质量评定，也可以置于塑料袋中密闭，4 ℃冰箱保存，待测。

（2）感官评定

开启青贮设施时，根据青贮饲料的颜色、气味、口味、质地、结构等指标，通过感官评定其品质好坏，这种方法简便、迅速。感官鉴定标准见表7-2。

表7-2　感官鉴定标准

品质等级	颜色	气味	酸味	结构
优良	绿色或黄绿色，有光泽，近于原色	芳香酸味，给人以好感	浓	湿润，紧密，茎、叶、花保持原状，容易分离
中等	黄褐色或暗褐色	有刺鼻酸味，香味淡	中等	茎、叶、花部分保持原状，柔软，水分稍多
劣等	黑色、褐色或暗墨绿色	具特殊刺鼻腐臭味或霉味	淡	腐烂、污泥状、黏滑或干燥结成块、无结构

① 色泽。优质青贮饲料的颜色非常接近于作物原有的颜色。若青贮前作物为绿色，青贮后仍为绿色或黄绿色最佳。青贮设施内原料发酵的温度是影响青贮饲料色泽的主要因素，温度越低，青贮饲料就越接近于原有的颜色。

② 气味。品质优良的青贮饲料具有轻微的酸味和水果香味。若有刺鼻的酸味，则品质较次。腐烂腐败并有臭味的则为劣等，不宜喂家畜。总之，芳香而喜闻者为上等；刺鼻者为中等；臭而难闻者为劣等。

③ 质地。植物的茎、叶等结构应当能清晰辨认，结构破坏及呈黏滑状态是青贮饲料腐败的标志，黏度越大，表示腐败程度越高。优良的青贮饲料，在窖内压得非常紧实，但拿起时松散柔软，略湿润，不黏手，茎、叶、花保持原状，容易分离。中等青贮饲料茎、叶部分保持原状，柔软，水分稍多。劣等的结成一团，腐烂发黏，分不清原有结构。

(3) 化学分析测定

化学分析测定包括青贮饲料的酸碱度（pH）、各种有机酸含量、微生物种类和数量、营养物质含量变化、青贮饲料可消化性及营养价值等，其中以测定 pH 及各种有机酸含量较普遍。

① pH。pH 是衡量青贮饲料品质好坏的重要指标之一。实验室测定 pH，可用精密雷磁酸度计测定；生产现场可用精密石蕊试纸测定。

② 氨态氮。氨态氮与总氮的比值可反映青贮饲料中蛋白质及氨基酸分解的程度，比值越大，说明蛋白质分解越多，青贮饲料质量越不佳。

③ 有机酸含量。有机酸总量及其构成可以反映青贮发酵过程的好坏。其中最重要的是乳酸、乙酸和丁酸，乳酸所占比例越大越好。优良的青贮饲料，含有较多的乳酸和少量乙酸，而不含酪酸。品质差的青贮饲料，含酪酸多而乳酸少。

④ 微生物指标。青贮饲料中的微生物种类及其数量是影响

青贮饲料品质的关键因素。微生物指标主要检测乳酸菌数、总菌数、霉菌数及酵母菌数，霉菌及酵母菌会降低青贮饲料品质及引起二次发酵。

5. 青贮饲料的营养价值

青贮饲料的营养价值取决于原料的营养成分和调制技术，即使同一种原料，收割期不同，其青贮饲料营养价值也有所差异。同时，因青贮技术不同，其养分损失也有所变化，通常情况下其损失为10%～15%。

(1) 干物质

与其原料相比，青贮饲料的含水量低，而干物质含量高，通常优质青贮饲料的干物质含量为20%～30%，随原料种类、收割期不同，其含量一般为15%～40%。半干青贮的干物质含量则更高。

(2) 蛋白质

青贮饲料中因蛋白质分解而生成的氨化物和游离氨基酸多，即非蛋白氮化合物增加，而且在青贮发酵过程中蛋白质有一定损失。因此，与其原料相比，青贮饲料中的粗蛋白质比例减少。一般来说，氨态氮含量越高，说明其发酵品质越差。

(3) 碳水化合物

原料中的糖通过发酵转化成乳酸，同时一部分淀粉也分解为单糖，使无氮浸出物发生相应变化，但是粗纤维成分没有变化。

(4) 无机物

虽然青贮过程中钙和磷等矿物质的绝对含量不发生变化（加酸青贮时10%～20%的钙和磷会损失），但因含水量变少，所以无机物含量相对变多。微量元素在青贮饲料中的变化不大。

(5) 维生素类

牧草中含有大量B族维生素和胡萝卜素。青贮过程中，维生素 B_1 和烟酸几乎没有变化。新鲜原料中维生素D含量不多，一部分维生素D因发酵作用而被破坏，因此青贮饲料中其含量也减半。

（6）青贮饲料的消化率

青贮饲料的消化率与其原料相比无明显差异（尤其对反刍家畜）。调制方法不当时，其消化率也会受到影响。

6. 青贮饲料的饲喂技术

青贮饲料制作 45 d 以后可以取用，方形青贮窖一般从一头启封，随用随取，取后马上用塑料布封好，尽量避免青贮饲料与空气长时间接触，防止二次发酵。青贮窖一旦开启就要连续取用，直到用完。取用过程中为防止青贮饲料二次发酵，应注意每次取用时向青贮窖内部深入不少于 0.5 m，取后要马上封严。圆形窖从顶部启封，一层一层取用，规则与方形窖相同。饲喂青贮饲料时应由少到多，逐渐添加，7 d 内达到正常饲喂量。突然更换粗饲料，易引发羊胃肠道疾病。另外，青贮饲料含有大量有机酸，有轻泻作用。因此，母羊妊娠后期不宜多喂。单独饲喂青贮饲料对羊健康不利，应与碳水化合物含量丰富的饲料和干草搭配使用，以提高瘤胃微生物对氮素的利用率。冰冻的青贮饲料，应先移至室内融化后再进行饲喂。霉烂变质的青贮饲料一律不可饲喂，以免引起中毒或其他疾病。

青贮饲料在牛、羊、马的饲养上应用广泛。但第一次饲喂青贮饲料时，有些羊可能不习惯，可将少量青贮饲料放在食槽底部，上面覆盖一些精饲料，等羊慢慢习惯后，再逐渐增加饲喂量。一般每天每只羊的喂量为 1.5～5.0 kg，妊娠后期停喂，以防流产。实际生产中，应根据青贮饲料的饲料品质和发酵品质来确定适宜的日喂量。

7. 青贮饲料对南方肉羊养殖的意义

（1）营养丰富

青贮可以减少营养成分的损失，提高饲料转化率。一般晒制干草养分损失 20%～30%，有时多达 40% 以上，而青贮后养分仅损失 3.0%～10%，尤其能够有效地保存维生素。另外，通过青贮，还可以消灭原料携带的很多寄生虫（如玉米螟、钻心虫）及有害菌群。

青贮可有效地保存饲料中的营养物质，尤其是能有效地保存蛋白质和维生素。青贮饲料其营养损失一般不超过 15%。

（2）增强适口性

青贮饲料柔软多汁、气味酸甜芳香、适口性好，尤其在枯草季节，肉羊能够吃到青绿饲料，自然能够增加采食量，同时还能促进消化腺的分泌，也可提高肉羊对其他饲料的消化率。

（3）制作简便

青贮是保持青绿饲料营养物质最有效、最廉价的方法之一。青贮原料来源广泛，各种青绿饲料、青绿作物秸秆、瓜藤菜秧、高水分谷物、糟渣等，均可用来制作青贮饲料。青贮饲料的制作不受季节和天气的影响，制作工艺简单，投入劳力少，与保存干草相比，制作青贮饲料占地面积小，易保管。

青贮饲料的调制过程不受风吹、日晒和雨淋等不利天气因素的影响。在阴雨多的南方地区，难于调制干草，但可以调制青贮饲料。

（4）保存时间长

青贮原料一般经过 40～50 d 的密闭发酵后，即可取用饲喂家畜。保存好的青贮饲料可以储存几年或十几年的时间。青贮饲料可以有效地保持青绿植物的青鲜状态，使肉羊在枯草季节也能吃到青绿饲料。

生产实践证明，青贮饲料不但是调剂青绿饲料丰歉、以旺养淡、以余补缺、合理利用青绿饲料的有效方法，而且是规模化、现代化养殖，大力发展农区畜牧业，大幅度降低养殖成本，快速提高养殖效益的有效途径。

第二节 农作物秸秆加工技术

常见用于畜牧业的农作物秸秆原料主要有玉米秆、豆秆、稻秆、甘蔗梢、高粱秆、红薯藤、花生藤和洋芋秆等。这些秸秆的纤维素和木质素含量高，营养价值低，不利于山羊消化吸收，只有将它们进行处理后，才能充分降解秸秆中的纤维素和木质素，提高营养价值，增加蛋白质和微生物含量，帮助山羊消化吸收。常用的方法有物理法、化学法和微生物法。目前主要实施技术有青贮法、氨化法、微生物处理法等，这是南方农区养羊业利用农副产品的有效途径。农作物秸秆的青贮制作及利用可参考本章第一节内容，本节主要介绍农作物秸秆的其他加工技术。

1. 秸秆物理处理法

主要是利用人工、机械、热和压力等方法，改变秸秆的物理形状，使其软化。

（1）切碎、粉碎

切碎是加工调制秸秆最简便而又重要的方法，是进行其他加工的前处理。秸秆切短后，可减少家畜咀嚼秸秆时能量的消耗；又可减少 20%～30% 的饲料浪费，采食量提高 20%～30%，从而使肉羊摄入的能量增加，日增重可提高 20% 左右。但不能太碎，切短的长度，一般以 2～3 cm 为宜。

粉碎使秸秆在横向和纵向上都遭到破坏，瘤胃液与秸秆内营养底物的作用面积扩大，从而增加采食量，提高秸秆的消化率。对肉羊来说，粉碎细度以 7 mm 左右为宜。如果粉碎过细，则咀嚼不全，唾液不能充分混匀，秸秆粉在胃内形成食团，易引起肉羊反刍停止，同时加快了秸秆通过瘤胃的速度，导致秸秆发酵不全，反而降低了秸秆的消化率。

（2）浸泡

将秸秆切成 2～3 cm 长的小段，放在一定量的水中进行浸泡处理，使其质地变软，提高适口性，增加采食量。浸泡后可直接饲喂，也可拌上精料饲喂。如用淡盐水浸泡，羊更爱采食。

（3）蒸煮

将秸秆放在 90 ℃的开水中蒸煮 1 h，这样可降低纤维素的结晶度，软化秸秆，增加适口性，提高消化率。也有些是用熟草喂羊，其方法是将切碎的秸秆加入少量豆饼和食盐煮 30 min，晾凉后取出喂羊。

（4）碾青

将秸秆铺于打谷场上，厚度为 30～40 cm，秸秆上面铺有同样厚的青绿饲料，青绿饲料上再铺一层同样厚的秸秆，然后用石碌碾压。被压扁的青绿饲料流出的汁液被秸秆吸收，压扁的青绿饲料在夏天经12～24 h暴晒就可干透。碾青后的秸秆可以较快地制成干草，减少营养素的损失；茎、叶干燥速度一致，减少叶片脱落损失，还可提高秸秆的适口性与营养价值。

（5）热喷处理

热喷处理就是将秸秆进行膨化处理，方法是将切碎的秸秆装入热喷机内，向机器压力容器内导入 140～250 ℃饱和蒸汽，经过一段时间的热、压处理后，骤然降压，秸秆由压力容器中喷出，使其结构和化学成分发生变化。膨化后的秸秆易消化、味香，家畜采食量大。

2. 秸秆氨化处理法

氨化是近年来国内外大力推广的畜牧实用新技术。在秸秆中加入一定量的氨水、尿素等溶液进行处理，以提高其消化率和营养价值的方法，称为秸秆氨化或简称氨化。秸秆经氨化处理后，连接纤维素、半纤维素和木质素的酯键被打开，有机物质被释放出来，消化率可提高 20%～30%，粗蛋白质含量由 3%～4%提高到 8% 以上，适口性和饲料转化率都有所提高，采食量增加 20%。同时，氨化后还可以防止秸秆霉变。

氨化处理秸秆成本低，效益高，方法简便，易推广，特别是用尿素作氮源。因为尿素是由氨和二氧化碳合成的，是重要的氮肥，它可以在常温、常压下运输，氨化时不需要复杂的特殊设备，对人畜健康无害。对封闭条件的要求也不像液氨那样严格，且用量适当，一般为秸秆的 4%～5%，很适合广大农村应用。

（1）氨化前的准备

各种农作物秸秆一般都可氨化。用于氨化的秸秆最好是新鲜的、没有被污染的。氨化要选择晴朗的天气进行，氨化前先准备好铡草机和配套动力及大缸、水桶、喷壶等用具。

（2）氨化方法

氨化方法有堆垛法、窖池法和塑料袋贮法。

① 堆垛法。堆垛法是指在平地上，将秸秆堆成长方形垛，用塑料薄膜覆盖，注入氨进行氨化的方法。其优点是不需建造基本设施，投资较少，适用于大量制作、堆放，取用方便。缺点是塑料薄膜容易破损，使氨气逸出，影响氨化效果。具体操作方法是在地势高燥、平整，距圈舍较近的地方堆垛，周围用围栏保护。首先在平地上铺好塑料薄膜，将切碎并调整好水分的秸秆一层层摊平、踩实，每 30～40 cm 厚、宽，放一木杆（比液氨钢管略粗），待插入液氨钢管时拔出。麦秸和稻草是比较柔软的秸秆，可以切碎，也可整秸堆垛。玉米秸秆高大、粗硬，体积太大不易压实，应切成 2～3 cm 的碎秸。堆垛法适宜用液氨作氮源，可按原料重的 12% 注入 20% 的氨水，或按原料重的 3% 注入无水氨。

② 窖池法。窖池法是指在避风、向阳、干燥处，挖一深 1.5～2.0 m、宽 2.0～4.0 m、长度不定（依氨化粗饲料的多少而定）的长方形土坑，在坑底及四周铺上塑料薄膜或用砖、石、水泥抹面，然后将秸秆和氨压入坑内的一种方法。具体操作方法是将新鲜秸秆切碎分层压入坑内，每层厚度为 15 cm，并用

5%～10%的尿素溶液喷洒,其用量为每 100 kg 秸秆,需 5%～10%的尿素溶液 40 kg 或 20%的氨水 10～12 kg。逐层压入、喷洒、踩实,装满并高出地面 0.5 m 时,在上面及四周用塑料薄膜封严,再用土压实,防止漏气,土层厚度为 0.5 cm。

③ 塑料袋贮法。利用塑料袋氨化秸秆,灵活方便,适合广大农村分散饲养户使用。塑料袋应选用无毒的聚乙烯薄膜,厚度在 0.12 mm 以上,韧性好、抗老化、黑色。具体操作方法是将相当于秸秆质量 4%～5%的尿素或 8%～12%的碳酸铵,溶于相当于秸秆质量 40%～50%的水中,充分溶解后与秸秆搅拌均匀装入袋内,袋口用绳子扎紧,放在背风向阳、距地面 1 m 以上的棚架或房顶上,以防鼠咬。此法的缺点是氨化数量少,塑料袋成本高。

(3) 氨化技术要点

① 场地选择。要求氨化场地背风向阳、干燥、远离圈舍、不受人畜侵害。

② 季节、天气的选择。以 4—6 月、8—10 月为好,选择晴朗、高温天气,在上午高温时段处理效果最好。

③ 垛堆装窖。堆垛法或窖池法均先将塑料薄膜铺底,堆装秸秆并计量,留上风头一面待注氨,其余周边用土压严。

④ 注氨。将氨水运至现场,计算好注氨量,按秸秆质量的 10%～12%计算,并准备好注入工具,穿好防护用具,站在上风头将注氨管深入秸秆中部打开开关,按规定量注完后立即关好开关,抽出注氨管,密封垛、窖、缸、袋。土窖注氨量以 15%为宜。如用尿素代替氨水,每 100 kg 秸秆加尿素 1～4 kg,加水 15～30 kg。尿素在水中加热加速溶解后,趁热均匀地喷洒在秸秆上,喷完后立即包严压实,封闭氨化。

⑤ 密闭氨化。原料装满窖后,在原料上盖一层 5～20 cm 厚的秸秆或碎草,上面再盖土 20～30 cm,并踩实。封窖时,原料要高出地面 50～60 cm,以防雨水渗透。氨化期间要经常检查,

如发现裂缝要及时补好，防止漏气。氨化时间因季节、温度不同而异。

⑥ 开堆放氨。根据气温确定氨化天数，还可观察塑料薄膜内秸秆的颜色，变成深棕色后，即可开堆放氨。选择有风、日晒的天气，将氨味全部放掉，放出氨后呈煳香味为好。为了能充分放氨，应经常翻动秸秆或放完一层取走一层，一般 3～5 d 即可放净。

⑦ 饲喂储存。使用时应从一侧分层取出、晾晒，氨味放净后呈清香味时即可饲喂。必须将氨味完全放掉，切不可将带有氨味的饲草拿来喂羊。饲喂时应由少到多逐渐过渡，以防引起消化道疾病。最好拌料饲喂，也可单喂或与其他饲草掺喂，开始喂时可少给勤添，最好做到随处理随喂。

（4）影响氨化质量的因素

秸秆氨化质量的优劣，主要取决于氨的用量、秸秆含水率、环境温度和时间以及秸秆原有的品质等因素。

① 氨的用量。氨的用量从秸秆干物质质量的 1.0% 提高到 2.5%，秸秆的体外消化率显著提高；氨的用量从 2.5% 提高到 4.0%，秸秆消化率提高的幅度比较小；超过 4.0% 时，其消化率稍有提高。因此，氨的经济用量为秸秆干物质质量的 2.5%～3.5%。

② 秸秆含水率。秸秆含水率从 12% 提高到 50%，无论氨化温度如何，均能提高秸秆消化率。

③ 环境温度和时间。在一定范围内，氨化时间越长，效果越好。氨化时间的长短要依据气温而定。当环境温度小于 5 ℃ 时，秸秆氨化处理时间应大于 56 d；当环境温度为 5～10 ℃、10～20 ℃、20～30 ℃、大于 30 ℃ 时，处理时间分别为 28～56 d、14～28 d、7～14 d、5～7 d。

（5）氨化秸秆品质的评定

秸秆氨化后，通常其营养价值提高的幅度与秸秆原有营养价值的高低呈负相关。即品质差的秸秆，营养价值提高的幅度大，而品质好的提高的幅度小。所以，消化率为65%～70%的粗饲料不必氨化。氨化秸秆品质的评定，主要采用感官评定和化学分析方法。

① 感官评定。氨化后的秸秆质地变软，颜色呈棕黄色或浅褐色，释放余氨后有烟香气味。如果颜色变白、变灰或结块等，则说明秸秆已经霉变，不能使用。如果氨化后的秸秆与氨化前基本一样，说明没有氨化好。这种评定方法直观、简便、易操作，是生产上常用的评定方法。

② 化学分析。通过实验分析，测定秸秆氨化前后营养成分的变化，来判断品质的优劣。

3. 秸秆微贮

秸秆微贮是秸秆中加入微生物菌种，在密闭条件下进行发酵，从而提高秸秆的营养品质和适口性的一种秸秆处理技术。

(1) 微贮饲料制作方法

① 秸秆的选择。秸秆应以当年采集的为主，上年的如果未发霉也可适当利用，秸秆必须是肉羊能吃的无毒秸秆。

② 秸秆粉碎。秸秆收割后必须晒干储存，无霉变。微贮发酵前，所有原料都必须粉碎。

③ 发酵菌剂用量。250 g菌剂发酵1 000 kg秸秆。发酵菌剂投放量也不按秸秆比例缩减，应在其相应基础上增加1～2倍。例如，发酵100 kg秸秆，菌剂投放不是25 g，应为50 g以上。有条件的还可以加入0.5～0.8 kg食盐和1 kg生石灰（也溶解在5 kg水中，洒在秸秆粉上），混合好的秸秆粉以用手捏时不滴水为宜，过干或过湿都不利于菌体生长。

④ 堆贮。发酵菌体的生长繁殖受气温、空气湿度影响较大，气温低于15 ℃时菌体即处于休眠状态。因此，发酵地点最好在温度稍高的地方和室内，尤其是冬天更应注意。选择平整的水泥地面或砖石地面，先在地面上铺一层塑料薄膜，再将混合好的原

料放在塑料薄膜上堆成圆锥状或馒头状。为防止水分蒸发和热量散失，可在原料堆表面覆盖塑料薄膜和干净的麻袋，用砖头将原料堆的边缘塑料薄膜压实。在微贮饲料中间温度达到 30～35 ℃并散发出醇香味时进行内外翻堆后继续发酵，夏季 2～4 d、冬季 3～7 d 即可。发酵好的合格微贮饲料，具有弱酸味和醇香味，手感柔软、松散。如看到少量红、黄、绿、黑等颜色的饲料，手感发黏或结块，则为污染霉变的饲料，必须及时除去。微贮饲料发酵好后，将覆盖物揭开，摊开散热，冷却后即可饲喂。

⑤ 保存。发酵好的饲料可晾干装袋保存，也可以制作成商品饲料出售，使用时可提前 1 d 加湿，翌日仍有醇香味和良好的适口性。

（2）微贮秸秆品质鉴定

微贮饲料经过 21～30 d 的发酵，即可取出饲喂。但饲喂之前要进行质量评定。优质的微贮青绿秸秆呈橄榄绿色，黄干秸秆呈黄色，具有酸香或果香味，结构松散，质地柔软湿润。不良的微贮秸秆呈黑绿色或褐色，有强酸味，干燥、粗硬；劣质的微贮秸秆有霉臭味，发黏，不能用于饲喂肉羊。

4. 秸秆碱化处理

碱化处理是成本低廉、简便易行、生产上较实用的秸秆加工方法之一。秸秆用碱性化学物质，如氢氧化钠等进行处理，以提高其粗纤维的消化率和适口性。碱化处理的原理是碱溶解一部分半纤维素，使粗纤维膨胀，破开细胞层之间的联结，从而为瘤胃微生物接近和分解纤维创造条件。经氢氧化钠处理的秸秆，不但消化率提高 15%～30%，且柔软、适口性好，肉羊采食后可形成适宜瘤胃微生物活动的微碱性环境，提高秸秆的利用率。但应注意秸秆经碱处理后，粗蛋白质含量没有改变。碱化处理秸秆方法较繁杂，氢氧化钠的腐蚀性较强，常用的碱化剂主要有熟石灰、氢氧化钾和氢氧化钠等。

第三节　青干草加工方法

南方地区夏季雨水多，肉羊养殖中采用青干草的方式进行粗饲料加工和储存的应用并不多，但作为一种粗饲料加工的主要方法，在南方地区有条件的地方也可以利用。

1. 地面晒干法

把刈割青草放在地面上自然晒干。此法经济实惠，但由于晒制季节多雨水，容易造成原料淋雨后霉变。晒成的干草，营养损失 $20\%\sim50\%$。

2. 草架晒干法

一种方法是把刈割青草直接放在草架上晒干；另一种方法是把刈割青草先放在地面上晒 1 d，再上草架晒干。此法晒成的干草营养损失 $20\%\sim30\%$。

3. 室内烘干法

（1）冷风烘干法

把准备烘干的草堆放在室内，草堆内部及其周围留有通风孔，由室外送入常温干燥空气，使草的含水量降到 15% 以下即可。此法烘成的干草，营养损失 $20\%\sim25\%$。

（2）热风烘干法

把准备烘干的草堆放在室内，用燃油、煤等能源加热空气，然后用鼓风机送入干燥空气，排出潮湿的空气。送入的干燥空气温度越高，烘干越快。60 ℃时，2～3 d 烘干；90 ℃时，15 h 就可烘干。此法烘成的干草，营养损失 $10\%\sim20\%$。

第八章

南方肉羊常见疫病防治技术

肉羊疫病防治要遵守"预防为主、治疗为辅"的原则。在种羊引进时就要做好检疫检验和隔离饲养工作，杜绝传染性疾病特别是羊小反刍兽疫、羊口蹄疫、布鲁氏菌病等烈性传染病的引入。在疫病防控中应科学合理地做好羊群的免疫接种工作，开展主要疫病（羊传染性胸膜肺炎、羊口疮等）的免疫净化，放牧羊群还要进行定期驱虫等综合性防治工作，减少群体性疫病发生。日常生产中要加强羊群的饲养管理，做好环境卫生和消毒工作以减少普通疫病的发生。

第一节　疫病预防综合措施

1. 引种过程的疫病检疫与隔离饲养

引种过程是肉羊养殖中最容易引入疫病的环节。小规模养殖时，建议在充分了解原场羊群主要疫病情况的基础上就近引种。大规模养殖必须从外地引进种羊（特别是跨省引种）时，必须了解供羊单位或地区的疫病流行情况，并且只能从无重要疫病流行地区购进种羊，同时必须有当地动物检疫部门出具的产地检疫证明方可引种。种羊引进后应隔离观察1个月以上，在隔离期间派专人饲养管理，观察羊群采食、饮水、运动等情况，使用广谱驱虫药进行驱虫，按羊场的免疫程序进行免疫接种。经过1个月以上的隔离饲养，确定健康的羊才能与原羊群混养。引种完成后的羊群应尽量以自繁自养为主。

2. 做好疫苗的免疫接种工作

免疫接种仍然是疫病防控的主要手段。饲养过程中应根据羊的疫病种类、疫苗种类等制订科学、合理的免疫程序。

(1) 南方地区肉羊养殖常用疫苗种类

目前，大部分南方地区的疫苗分为两类，一类是政府强制免疫疫苗，如小反刍兽疫、口蹄疫疫苗等，由政府统一采购，定期免费发放给养殖户进行免疫接种。另一类是市场销售的商品化疫苗，如三联四防苗、山羊痘疫苗、羊口疮弱毒细胞冻干苗、羊传染性胸膜肺炎疫苗等，由养殖户自主选择购买免疫接种。

(2) 南方地区肉羊常用疫苗的免疫程序

不同地区、不同品种、不同日龄山羊的免疫方法和免疫程序不尽相同，应根据羊群实际情况进行科学免疫接种，其中危害较大的几类传染病疫苗一定要科学合理地进行免疫接种。如多地政府强制免疫的口蹄疫、小反刍兽疫，商品疫苗山羊痘弱毒疫苗、山羊的传染性胸膜肺炎疫苗等。还要根据本地区或本羊场常发或易发的传染病增加接种相应疫病的疫苗。此外，由于引起某些同一临床疫病（如传染性胸膜肺炎）的病原不尽相同，在疫苗选择上还要参考病原诊断结果。

(3) 疫苗使用注意事项

羊群免疫接种疫苗时要求健康正常；否则不但不能产生应有的免疫保护作用，还会产生严重的副作用（如妊娠母羊流产、羊只出现食欲不振，严重时可导致死亡等）。有些疫苗（如羊痘疫苗）在免疫接种后几天要禁止使用抗病毒药物；有些弱毒疫苗、活疫苗在免疫接种后几天要禁止使用抗菌药物，否则会影响和干扰疫苗的免疫效果。需要免疫接种2种疫苗时必须间隔1周以上。免疫接种疫苗后如出现过敏反应可使用肾上腺素或地塞米松解救。对妊娠母羊免疫接种时要求动作轻柔，避免因粗暴抓赶引起其流产。

3. 适当的药物预防和定期驱虫

有目的、有计划地对羊群使用药物进行预防和治疗是羊病综合防治的措施之一，尤其在疫病流行季节之前或流行初期，将安全、广谱和有效的药物加入饲料或饮水中，可收到事半功倍的效果。但应注意不要长时间使用同一种药物，以免产生抗药性，同时也应注意间歇给药，避免药物在羊体内蓄积过量，产生毒副作用。

放牧羊群应定期驱虫，根据当地肉羊寄生虫病发生情况确定驱虫药物的种类、剂量和频次等。如在南方，羊舍、运动场靠近河边、溪边的肉羊易感染羊片形吸虫病，应每隔2～3个月驱虫1次，所选的药物以三氯苯唑、丙硫苯咪唑等为主；羊舍、运动场在山区丘陵地带的肉羊易感染捻转血矛线虫等线虫病，应每隔2～3个月驱虫1次，所选的药物以丙硫苯咪唑、左旋咪唑等为主；蜱、虱、蝇及疥螨、痒螨等体外寄生虫感染较严重的羊群，每年要定期使用溴氰菊酯、氰戊菊酯、敌百虫等药物进行药浴或喷淋。

4. 做好日常饲养管理工作

(1) 加强饲养管理

肉羊的日常管理依不同的地域、饲养模式及不同羊的品种、年龄和性别而有所不同。管理上要合理分群、合理搭配草料、合理搭配公母比例，控制养殖环境，避免过冷、过热、通风不良、有害气体浓度过高等不良环境条件的影响。建立定时、定量、定期的日常管理制度，给料时要先清除料槽中的饲料残渣再添加新草料。每天要清扫卫生，以自由饮水方式供给足够的清洁水。

(2) 做好环境卫生与消毒工作

加强环境卫生工作，减少病原微生物和寄生虫虫卵的滋生、传播。羊的粪便应及时清除并堆积发酵。羊舍内的羊床、用具和周边环境要经常消毒，保持羊舍清洁、干燥。建立切实可行的环境卫生消毒制度，定期对羊舍、地面土壤、粪便、污水和皮毛等进行消毒。

羊舍是羊群日常居住的场所，极易受粪便和尿液的污染，也极易传播多种疾病。平时预防性的消毒为每两个月进行 1 次，每次消毒之前需要将羊舍的粪尿清理干净，然后使用消毒药（常用酚制剂或醛制剂）喷洒，要求喷湿为止。消毒时先喷洒地面，再喷洒墙壁和天花板，最后打开门窗通风，并用清水清洗饲槽、水槽，尽量除去羊舍内的异味。在进行羊舍消毒时，羊舍附近的运动场及有关羊舍用具也要一并彻底消毒。羊群有传染病或周边地区有传染病时，要增加羊舍的消毒次数和强度，必要时也可选择醛类或季铵盐类消毒药进行带羊消毒。

（3）及时杀虫、灭鼠

杀灭蚊、蝇、蜱、虱、鼠类，在消灭传染源、切断传播途径、阻止疫病流行、保障人和动物健康等方面具有重要的意义。常用的灭鼠方法有生态学灭鼠法、器械灭鼠法和药物灭鼠法。目前，应用较多的是药物灭鼠法。按照灭鼠药物进入鼠体的途径又可分为经口灭鼠药和熏蒸灭鼠药两类。各个羊场应根据需要选择合适的方法。

灭蚊、蝇、蜱工作要从治理羊舍周围环境卫生入手，平整坑洼地面，清除积水，铲除杂草并随时清理掉羊场的羊只粪便和污物，破坏蚊、蝇、蜱的繁育环境。可定期使用一些低毒农药（如菊酯类、敌百虫、辛硫磷等）对羊舍及周围环境进行喷洒，杀灭蚊、蝇、蜱的成虫和幼虫。

5. 羊群发病后的控制措施

（1）及时确诊

羊群一旦发病，应立即请兽医、技术人员进行全面检查，尽快确诊，并积极寻找发病的原因，及时治疗，以免延误治疗的最佳时机，导致病情恶化。如果确诊为传染性疾病，应迅速采取隔离和封锁措施，防止疫病扩散；部分重要传染病，如小反刍兽疫、口蹄疫、布鲁氏菌病，还需要上报相关业务主管部门进行进一步处理。

（2）隔离和封锁

隔离是将病羊、可能患病的羊分别控制在有利于防疫和饲养管理的独立环境中进行饲养、防疫处理，以便将疫病控制在最小范围内，减少疫病扩散机会的有效方法。此时，应对患病羊所在的羊群进行全面、细致的检查，将羊群划分为患病羊群、疑似感染羊群和可能健康羊群，不同的羊群采取不同的处理措施。封锁是指羊场内发生一类疫病或外来疫病时，为了防止疫病扩散而采取的隔离、扑杀、销毁、消毒、紧急免疫接种等强制性措施。隔离和封锁要遵循"早、快、严、小"的原则，做到早发现、早采取措施；快封锁、快隔离；严格执行各种防疫措施；尽量把疫情控制在最小范围内。

（3）严格消毒

对病羊所在的圈舍、用具、运动场及病羊接触过的场地和物品应进行严格消毒。对病羊的隔离舍每天进行多次消毒，对羊舍和病羊群活动的区域应进行彻底消毒。羊舍地面和墙壁、饲槽等可用氢氧化钠、漂白粉、生石灰消毒；羊体消毒可用癸甲溴铵（百毒杀）、苯扎氯铵（新洁尔灭）等。所用消毒液要足量，让地面完全湿透。常用的消毒液有 $2\% \sim 4\%$ 的氢氧化钠、$10\% \sim 20\%$ 的苯酚（石炭酸）、5% 的来苏儿和 20% 的草木灰等。如被患病羊的分泌物、排泄物等污染的面积不大，则可用消毒液泼洒污染地面，进行局部消毒即可。

第二节　主要病毒性传染病防治技术

1. 羊口蹄疫

本病是由口蹄疫病毒引起的偶蹄兽的一种急性、热性和高度接触性传染病，以口腔黏膜、蹄部和乳房发生水疱和溃疡为特征。本病传染性极强，对肉羊养殖业危害十分严重。

（1）流行特点

口蹄疫病毒有多种血清型，具有较强的环境适应性，不怕干燥，耐低温，对酚类、乙醇、氯仿等不敏感，但对日光、高温、酸碱的敏感性很强。多数偶蹄兽对本病均有易感性，其中牛最易感，其次是绵羊和山羊。主要通过接触传播或空气传播，传染速度很快，易形成地方流行性，以冬、春季较易发。新疫区发病率可达 100％，老疫区发病率达 50％以上。

（2）临床症状

潜伏期 1 周左右。病羊体温升高，上升到 40 ℃以上，精神沉郁，食欲减退，脉搏和呼吸加快。症状多见于口腔，呈弥漫性口黏膜炎，口角常流出带泡沫的口涎。水疱主要见于硬腭和舌面。病羊水疱破溃后，体温即明显下降，症状逐渐好转。蹄部发生水疱时，常因继发性坏疽而引起蹄壁脱落。

（3）主要病变

在病羊的口腔、蹄部、乳房等处出现水疱和溃烂斑，消化道黏膜有出血性炎症，心肌色泽较淡，质地松软，心外膜与心内膜可见弥散性及斑点状出血，心肌切面有灰白色或淡黄色、针头大小的斑点或条纹，称为"虎斑心"，以心内膜的病变最为明显。

（4）诊断

通过临床症状一般可做出初步诊断。确诊需在国家规定的实验室进行病毒分离鉴定。在临床上本病还需要与羊传染性脓疱病及普通口炎、普通脚外伤等进行鉴别诊断。

（5）防治措施

① 预防。在生产上要加强羊群的消毒和隔离工作，提倡自繁自养，尽量不从外地购羊，并根据毒型选用疫苗，认真做好定期免疫接种工作。每年免疫接种疫苗 2 次，间隔 6 个月，每次 1～2 mL。

② 治疗。按规定，对发病的羊群要采取扑杀和无害化处理。

2. 羊传染性脓疱病

又称"羊口疮"，是由传染性脓疱病毒引起的一种接触性传染病，以口唇、舌、鼻和乳房等部位形成丘疹、水疱、脓疱和结成疣状结痂为典型特征。

（1）流行特点

本病只危害山羊和绵羊，以 3～6 月龄的羔羊发病率最高，常呈群发性流行，在南方的羊场发病率较高且在羊群中可造成持续感染。成年羊较少发病，呈散发，主要通过损伤的皮肤或黏膜而感染。一年四季均可发生，但以春、夏季发病最多。

（2）临床症状与主要病变

潜伏期为 4～8 d，临床上可分为唇型、蹄型和外阴型。

① 唇型。最常见的一种。首先在羊的口角、上唇或鼻镜上出现散在的小红点，逐渐变为丘疹和小结节，继而形成水疱或脓疱。脓疱破溃后形成疣状结痂，严重时可出现龟裂和出血症状。在痂垢下伴有明显的肉芽组织增生，严重时炎症和肉芽组织增生可波及整个口唇周围及眼眶和耳朵等部位。由于嘴唇肿大和化脓影响了正常采食，造成病羊日渐消瘦，最终衰竭而死。

② 蹄型。蹄叉、蹄冠皮肤形成水疱或脓疱，破裂后则成为由脓液覆盖的溃疡。如继发感染则发生化脓、坏死，常波及基部、蹄骨，甚至肌腱或关节，造成病羊跛行、卧地，病期缠绵，影响病羊的采食和活动。

③ 外阴型。此型较少见。主要表现为外阴部及其附近皮肤发生溃疡，有时母羊的乳头皮肤及公羊的阴茎鞘皮肤也会出现脓疱和溃疡。

（3）诊断

根据春、夏季散发，羔羊易感，在口角周围出现丘疹、脓疱、结痂及增生性桑葚状痂垢等临床症状可做出初步诊断。如想确诊，可取水疱液或脓疱液进行病毒的分离培养，也可进行聚合酶链式反应（PCR）诊断。在临床上，本病应与羊痘、坏死杆菌病等进行鉴别诊断。同时，应注意羊痘与羊传染性脓疱病并发感染的情况。

（4）防治措施

① 预防。饲养管理过程中要保护羊只皮肤和黏膜不受损伤，及时清除饲草中的芒刺和尖锐食物，一旦发现病羊要及时隔离治疗。对本病易感地区可用羊口疮弱毒疫苗进行预防接种，采取口唇黏膜内注射。

② 治疗。对于唇型病羊可使用食盐或山苍子油局部进行涂擦，也可用水杨酸软膏将痂垢软化，除去痂皮后用 0.2％高锰酸钾溶液冲洗创面，再涂以 2％的甲紫、碘甘油或土霉素软膏等，直至痊愈。对于蹄型病羊可用过氧化氢清洗局部皮肤，化脓灶后再涂上土霉素软膏或青霉素软膏，有时也可以直接用 5％碘酊涂擦患部，直至痊愈。

3. 山羊痘

本病是由山羊痘病毒引起的一种急性、热性、高度接触性传染病，是国际动物卫生组织规定的 A 类疫病，以羊嘴唇、口腔黏膜、无毛或少毛部位皮肤发生痘疹为特征。

（1）流行特点

本病只感染山羊，各种日龄均可发生，一般在冬末春初多发。幼龄羊比成年羊容易发病。本病的传染速度很快，易形成地方性流行，发病率可达 100％，死亡率为 50％～70％，死亡率高低与羊群的饲养管理水平密切相关。主要经呼吸道传播，也可经受损的皮肤、黏膜感染。气候、营养不良和管理不佳等因素可促进本病的发生。

（2）临床症状

潜伏期为 6～8 d，病羊体温高达 41～42 ℃，精神不振、眼结膜潮红、鼻孔流出浆液性或脓性分泌物，随后在头部、外生殖器、四肢及尾内侧皮肤等处相继出现一些红斑和丘疹，突出于皮肤表面，严重时形成水疱和脓疱，最后结痂。羔羊发病，死亡率高，妊娠母羊发病则可引起流产。

（3）主要病变

除全身皮肤出现痘状红疹外，咽喉部和支气管黏膜也可见到痘疹，肺部易并发感染肺炎，在瘤胃和皱胃黏膜可见大小不等的圆形或半球形坚实结节，单个或融合存在，严重时形成糜烂性溃疡斑。

（4）诊断

根据临床症状、病理变化和流行情况可做出初步诊断。确诊需进行病毒分离、培养鉴定。在临床上本病还需与传染性脓疱病进行鉴别诊断。

（5）防治措施

① 预防。每年定期免疫接种 1～2 次山羊痘弱毒疫苗，平时还应做好羊群的定期消毒、病羊隔离等预防措施，坚持自繁自养。

② 治疗。当发生本病后，对病羊及其同群羊只及时扑杀销毁，并对羊舍、用具等污染场所进行严格消毒，防止病毒扩散。对周边受威胁的羊群或假定健康羊群要紧急免疫接种羊痘疫苗。对有价值的种羊，在做好羊舍、环境消毒及防止疫情扩散措施的前提下，可采用退热、消炎等对症疗法、抗病毒处理及局部消毒处理相结合进行治疗。

4. 羊狂犬病

本病是由狂犬病病毒引起的一种人兽共患的急性接触性传染病，以神经调节高度障碍为特征，表现为羊狂躁不安和意识紊乱，最终发生麻痹而死。

（1）流行特点

主要传染源为患病的家犬及带毒的野生动物。患病动物唾液中含有大量病毒，通过咬伤羊只使病毒进入体内而引起发病，也可经损伤的皮肤、黏膜传染。本病一般以散发性流行为主，无明显季节差异。

（2）临床症状

潜伏期的长短与伤口部位、侵入病毒的毒力和数量有关，一般为 2～8 周，最短 8 d，长的可达数月甚至 1 年以上。病羊的症状与其他病畜相似，在临床上分为狂暴型和沉郁型两种病型。

① 狂暴型。初期病羊呈惊恐状，神态紧张，直走，并不停地狂叫，叫声嘶哑，见其他羊只就咬，有时会跃起扑人，并有异食现象，见水狂喝不止。继而精神沉郁，似醉酒状，行走踉跄。眼充血发红，眼球突出，口流涎，最后腹泻消瘦。口腔、瘤胃内有大量异物，其他胃和肠内充满水性内容物。

② 沉郁型。病例多无兴奋期或兴奋期短，而且迅速转入麻痹期，出现喉头、下颌、后躯麻痹，流涎，张口、吞咽困难等症状，最终卧地而死。

(3) 主要病变

病羊尸体消瘦，剖检病死羊可见口腔和咽喉黏膜充血、糜烂。胃内空虚或有石头、沙土等异物，胃底、幽门区及十二指肠黏膜充血、出血。肝、肾、脾充血，胆囊肿大、充满胆汁，脑实质水肿、出血等。

(4) 诊断

根据临床症状及流行特点可做出初步诊断，但确诊需要进行实验室诊断。

(5) 防治措施

① 预防。关键在于防止羊只被病犬咬伤。养犬必须登记，进行免疫接种，疫区与受威胁区的羊只接种狂犬病疫苗。

② 治疗。本病无治疗意义，对被疯犬咬伤的羊应及早扑杀，以免危害人。

第三节 主要细菌性传染病防治技术

1. 羔羊大肠杆菌病

本病是由致病性大肠杆菌引起的一种新生羔羊的急性传染病，又称羔羊白痢。临床上以剧烈下痢和败血症为主要特征。

(1) 流行特点

多见于 6 周龄内的羔羊发病，偶见于 3～5 月龄小羊发病。主要经消化道感染，病羊常排出白色稀粪。本病与气候恶劣、营养不良和圈舍环境被污染等因素有关，冬、春季舍饲期间多发。

(2) 临床症状

潜伏期为 1～2 d。临床可分为败血型和肠炎下痢型两种。

① 败血型。多见于 2～6 周龄羔羊。病羊体温高达 41～42 ℃，精神沉郁，有轻微的腹泻或腹泻不明显。有时有神经症状、四肢关节肿胀、疼痛，运动失调。病程短，多数病羊于发病后 4～12 h 死亡。

② 肠炎下痢型。多见于 2～8 日龄的新生羔羊。病初体温略高，出现腹泻后体温下降，粪便呈半液状，带有气泡，且有恶臭。羔羊表现为起卧不安、腹泻、严重脱水衰竭，若不及时治疗，多于 1～2 d 死亡。

(3) 主要病变

① 败血型。胸腔、腹腔、心包内有大量积液，并有纤维素性物质渗出。关节肿大，内有混浊液体。脑膜充血、有许多小出血点。

② 肠炎下痢型。表现为急性胃肠炎变化，皱胃、小肠、大肠黏膜充血出血，瘤胃和网胃出现黏膜脱落，胃肠内充满乳状内容物，有时在肠内还混有血液和气泡，肠系膜淋巴结肿胀，切面多汁或充血。

(4) 诊断

据流行病学、临床症状和剖检病变可做出初步诊断。实验室诊断可采集病羊的内脏组织、血液或胃肠内容物进行细菌分离鉴定。在临床上，要注意与羔羊痢疾进行鉴别诊断。

(5) 防治措施

① 预防。加强母羊的饲养管理，做好羊舍环境卫生工作。重视母羊的抓膘、保膘工作，保证新产羔羊健壮、抗病力强。

② 治疗。对病羔要立即隔离，及早治疗。对污染的环境、用具要用3%～5%来苏儿进行消毒。发病后可使用土霉素、新霉素或磺胺类等药物进行口服治疗。同时，配合肌内注射恩诺沙星或磺胺类等药物。对脱水严重的，静脉注射5%葡萄糖盐水。对于有兴奋症状的病羔，用水合氯醛0.1～0.2 g加水灌服。

2. 羊布鲁氏菌病

本病是由布鲁氏菌引起的主要侵害生殖系统的一种人兽共患慢性传染病。本病分布范围广，易传染给人。羊感染后，妊娠母羊发生流产，公羊发生睾丸炎。

(1) 流行特点

本病各品种、各日龄羊均可感染。其中，母羊较公羊易感，且随着性成熟，易感性会逐渐增强。主要传播途径是消化道，也可在配种时经黏膜接触感染。在羊群中，发病初期仅见少数妊娠母羊流产，随后逐渐增多，严重时流产率可达90%。

(2) 临床症状

多数病例为隐性感染。妊娠母羊流产前一般无明显征兆，多数表现为少量减食，阴门流出黄色黏液，有时羊群可并发关节炎、乳房炎等病症。流产多发生在母羊妊娠后的3～4个月，流产后母羊迅速恢复正常食欲。

(3) 主要病变

胎衣呈黄色胶冻样浸润，有些胎衣覆有黏稠状物质，胎盘有出血、水肿病变。流产胎儿主要为败血症病变，浆膜和黏膜可见出血点或出血斑，皮下和肌肉间发生浆液性浸润，脾和淋巴结肿大，肝中有坏死灶。公羊可发生化脓性睾丸炎和附睾炎，睾丸肿大，后期睾丸萎缩。

(4) 诊断

根据流行病学，流产胎儿、胎衣的病理损害等可做出初步诊断。实验室可通过血清平板凝集试验进行确诊。

（5）防治措施

① 预防。坚持预防为主，自繁自养，严禁从疫区引进种羊。必须引进种羊或补充羊群时，要严格进行检疫和隔离，对阳性和可疑病羊要及时进行隔离淘汰处理。定期对羊群进行抽血普查，一经发现，立即淘汰，并做好用具和场所的消毒工作，以及流产胎儿、胎衣、羊水和产道分泌物的无害化处理。另外，南方地区大部分省份都是该病的非疫区，建议采用非免疫净化的方式净化该病，对检测抗体阳性者一律扑杀并无害化处理尸体，不要免疫接种商品弱毒疫苗，以免造成抗体检测阳性，无法区分免疫接种羊只是否感染疾病。

② 治疗。本病无治疗意义，一般不治疗。

3. 羊伪结核棒状杆菌病

本病是由伪结核棒状杆菌引起的一种接触性慢性传染病，以局部淋巴结发生脓肿、干酪样坏死以及病羊消瘦为主要特征。

（1）流行特点

不同品种和年龄的羊均可发病，但断奶前的羔羊很少发病。本病多为散发，有时表现为地方性流行，无明显的季节性。主要经有创伤的皮肤而感染。病羊破溃的淋巴结、化脓灶及粪便和被污染的环境是本病的传染源。羊群发病率可高达60%，但死亡率较低。

（2）主要症状

病羊的头部、颈部、肩前和股前等部位的淋巴结肿大化脓，经过一段时间后会自行破溃流出脓液而自愈，一般无明显全身症状。在临床上，局部伤口感染常不为人注意，等到淋巴结肿胀到一定程度才被发现。病程可持续1~2个月，有时身体一个部位脓疱破溃后，在身体的另一部位又会出现或同时出现多个脓疱，有的形成瘘管，部分病羊逐渐消瘦、衰弱，呼吸加快，行动缓慢，放牧或行走时掉队，最后因身体极度衰竭而死亡。

（3）主要病变

病死羊尸体消瘦，被毛粗乱，干燥无光泽，皮下及腹腔脂肪极少。体表淋巴结肿大化脓，形成包囊的大脓肿，内含奶油状内容物，干燥后呈干酪样或呈轮层状干酪样。有时胸腔和腹腔内部的淋巴结也形成脓肿。

（4）诊断

根据山羊体表长有较大的淋巴结肿块，切开有稀的脓汁或干酪样坏死物即可做出初步诊断。如有需要，将脓汁进行分离培养，则可确诊。

（5）防治措施

① 预防。平时要注意圈舍环境卫生，坚持定期消毒，并及时对羊只受损的皮肤进行消炎处理，以防感染。

② 治疗。在发病早期使用大剂量的青霉素治疗有一定效果。脓肿熟透且未破溃时，用外科手术法处理。将患处剪毛消毒后，在肿块最低处切开排脓，用消毒药液冲洗干净，然后在切口内涂抹红霉素软膏1～2支，很快即可痊愈。在外科处理时要注意对环境的消毒和化脓灶废弃物的无害化处理，以免成为新的传染源。

4.羊传染性角膜炎

本病又称红眼病。主要是由莫拉菌引起的羊的一种高度接触性急性传染病，以发生结膜炎、角膜炎、流泪和角膜混浊等为特征。

（1）流行特点

主要发生于山羊，各种日龄均可发病，以秋季发病率最高。发病率高低与羊群的饲养管理水平、卫生条件及是否及时隔离病羊有密切关系。

（2）临床症状和病变

潜伏期为2～7 d。病羊初期畏光流泪、眼睑肿胀、疼痛，随后眼角膜潮红、角膜周围血管充血，接着羊角膜出现灰白色混浊或角膜中央有灰白色小点，严重者角膜增厚并发生溃疡或穿孔现象，继而出现失明症状。多数病羊只有一侧眼感染，少数出现双侧眼睛都感染。眼球化脓的羊只体温稍微升高，食欲减退，精神沉郁，被毛粗乱，常离群呆立，行动不便，行走时易摔倒，或因眼睛看不见而影响采食，导致机体消瘦、衰竭死亡。

（3）诊断

在临床上根据流行特点和症状可做出初步诊断，必要时可采集结膜囊内的分泌物进行细菌分离培养鉴定而确诊。

（4）防治措施

① 预防。管理上要尽量减少强光和尘埃对羊眼睛的刺激，对病羊要及时隔离治疗，并加强羊舍的消毒工作。

② 治疗。对病羊的眼睛要先用 2%～4% 硼酸溶液清洗，拭干后涂抹红霉素或四环素软膏，每天 2 次；或者使用每毫升含有 5 000 U 的普鲁卡因青霉素滴眼，每天 2 次。

5．羊沙门氏菌病

本病又称羊副伤寒，是由鼠伤寒沙门氏菌、羊流产沙门氏菌和都柏林沙门氏菌引起的一种羊的急性传染病。临床上以血性下痢和妊娠母羊流产为特征。

（1）流行特点

不同年龄、性别和品种的羊均可感染本病。其中，以断奶或刚断奶的羔羊和妊娠后期母羊较易感染。主要通过消化道和呼吸道引起感染，传染源是病羊或带菌羊。本病没有明显的季节性，育成期羔羊常在夏季和秋季发病，妊娠母羊主要在晚冬早春季节发生流产，多呈散发性或地方性流行。

（2）临床症状

自然发病病例潜伏期为 1～2 d。临床上分为下痢型和流产型。

① 下痢型。多见于羔羊，病初精神沉郁，体温升高至 40～41 ℃，大多数病羊出现腹痛症状，腹泻、排出大量带有黏液的

稀粪，有恶臭，粪便常污染后躯。病羊迅速出现脱水症状。有的病羊呼吸急促，流出黏液性鼻液。若治疗不及时，病羊可在 1～5 d 死亡。本病发病率为 30%，死亡率为 25% 左右。

② 流产型。多在妊娠的最后 2 个月发生流产或产死胎，流产前后数天阴道有分泌物流出，体温升高至 40～41 ℃。沙门氏菌感染的母羊，其体内的病菌可经血液传给胎儿，使胚胎受到损害而死亡；有的病羊产出的活羔极度衰竭，一般 1～7 d 后死亡。严重时发病母羊流产率可达 60% 左右。

(3) 主要病变

① 下痢型。病羊后躯被毛、皮肤常被稀粪污染，大多数组织脱水。皱胃和肠道内空虚，肠黏膜附有黏液，并含有小血块，胆囊肿大，胆汁充盈，肠系膜淋巴结肿大、充血，心内膜和外膜上有小出血点。

② 流产型。病羊所产胎儿死亡或生后几天内死亡，呈败血症变化。组织水肿、充血，肝、脾肿大，有灰白色坏死病灶，胎盘水肿、出血。死亡的母羊呈急性子宫炎症状，子宫肿胀，内含有凝血块及坏死组织，并有渗出物和滞留的胎盘。

(4) 诊断

根据流行病学、临床症状和病理变化可做出初步诊断。必要时可取病羊或流产胎儿进行细菌分离鉴定而确诊。在临床上应与羔羊痢疾和羔羊大肠杆菌病等进行鉴别诊断。

(5) 防治措施

① 预防。在受到该病威胁的地区，可给羊群免疫接种相应的疫苗或在饲料中添加抗菌药物预防。加强饲养管理，保持羊舍清洁卫生，冬季圈舍要保暖，防止感冒，定期进行消毒，避免饲料和饮水受污染。

② 治疗。发现病羊要及时隔离，选用敏感药物进行治疗。在发病早期可使用卡那霉素、土霉素、环丙沙星、氟苯尼考和磺胺类药物进行治疗。

6. 羊链球菌病

本病是由溶血性链球菌引起的一种急性、热性败血性传染病。临床症状为发热、下颌淋巴结与咽喉肿胀、胆囊肿大和纤维素性肺炎。

(1) 流行特点

主要发生于绵羊，山羊也很容易感染。在老疫区多为散发性，在新疫区多见于冬春寒冷季节，多呈地方性流行。本病经呼吸道、消化道和损伤的皮肤而感染。

(2) 临床症状

潜伏期为 2～5 d。病初精神不振，食欲减少或绝食，反刍停止，行走不稳，病羊体温升高至 41 ℃以上，咽喉部及下颌淋巴结肿大明显，有咳嗽症状，鼻流浆液性或带脓血的分泌物。病程短，病死前会出现磨牙呻吟及抽搐现象。妊娠母羊阴门红肿，有瘀血斑，易发生流产。急性病例呼吸困难，24 h 内死亡。

(3) 主要病变

以败血病变为主，主要表现为尸僵不明显，胸腔积液，内脏血管广泛出血，尤以膜性组织最为明显。内脏器官表面常覆有丝状纤维素样物质。肺实质出血、肝变，呈大叶性肺炎。咽喉扁桃体发炎、水肿、出血、坏死，头颈部淋巴结肿大、出血和坏死。

(4) 诊断

根据临床症状和剖检变化，结合流行病学可做出初步诊断。确诊时可采集内脏器官组织或心血进行涂片染色镜检，可见双球状或 3～5 个菌体连成的短链状细菌，周围有荚膜，革兰氏染色呈阳性。必要时需进行细菌分离鉴定。临床上需与巴氏杆菌病、山羊传染性胸膜肺炎等进行鉴别诊断。

(5) 防治措施

① 预防。在疫区，可安排在疫病流行季节来临之前免疫接种疫苗，每只羊皮下注射 3 mL 羊链球菌病疫苗，3 月龄内羔羊

14～21 d后再免疫接种 1 次。平时加强羊群消毒和病羊隔离工作，做好羊圈及场地、用具的消毒工作。

② 治疗。发病后，对病羊和可疑羊进行隔离，用青霉素或磺胺类药物治疗。场地、器具等用 10%石灰乳或 3%来苏儿严格消毒，羊粪及污物等堆积发酵，病死羊进行无害化处理。

7. 羊梭菌性疾病

羊梭菌性疾病是由梭状芽孢杆菌属中的细菌所致的一类疾病的总称，包括羊快疫、羊肠毒血症、羊猝狙、羊黑疫、羔羊痢疾等疾病。不同梭菌类型，其易感动物、流行特点、临床症状和病理变化有所不同。

(1) 羊快疫

羊快疫是由腐败梭菌引起的主要发生于绵羊的一种急性传染病。其特点是突然发病和急性死亡，主要病变是皱胃出血性炎症。

① 流行特点。本病以 6～18 月龄的绵羊最易感，膘情好的更易发病。山羊有时也可发病，以秋冬和初春多发，散发为主。该病发病率较低，但死亡率很高。一般经消化道感染，经外伤感染则可引起恶性水肿。

② 临床症状。突然发病，往往没看到症状即突然死亡。有的病羊离群独处，卧地、不愿走动，表现为虚弱和运动失调。个别病程稍长的病例，可见腹胀、腹痛等症状，最后衰弱昏迷而死，一般难以痊愈。

③ 病理变化。病羊死亡后，尸体迅速腐败膨胀，皱胃黏膜呈出血性炎症，瘤胃黏膜也有不同程度的脱落。肠道黏膜有不同程度的充血、出血以及溃疡病变。肺、脾、肾和肠道的浆膜下也可见到出血。胸腔、腹腔、心包有大量积液，剖检后暴露于空气中易凝固。

④ 诊断。根据本病的流行病学、临床症状和病理变化可做出初步诊断，必要时可进行细菌分离培养。采集新鲜病料进行细菌分离鉴定，可以确诊。临床上应与羊炭疽、肠毒血症和巴氏杆

菌病等进行鉴别诊断。

⑤ 防治措施。

预防：加强饲养管理，特别注意羊只不要受寒感冒和采食带冰霜的饲料。在本病易感区域可使用羊三联四防疫苗进行免疫接种。

治疗：及时隔离病羊，对病程较长者可进行对症治疗和抗菌类药物治疗，病死羊一律进行深埋或无害化处理。

（2）羊肠毒血症

本病又称软肾病，是由 D 型魏氏梭菌引起的主要发生于绵羊的一种急性毒血症，其特点是发病急、死亡快，死后肾组织迅速软化。

① 流行特点。主要发生于绵羊，以 2～12 月龄膘情较好的绵羊易发，山羊有时也可发病。本病主要经消化道传染，多为散发，有明显的季节性，多发于春末夏初抢青时或秋末牧草结籽和抢茬时。

② 临床症状。突然发病，多数病例不见明显症状，很快倒地死亡。可见症状的病羊分为两种类型。一类以抽搐为特征，倒地后四肢强烈划动，肌肉震颤，眼球转动，磨牙、抽搐，多于 2～4 h 死亡；另一类以昏迷和安静地死去为特征，步态不稳、倒卧、感觉过敏、流涎、昏迷、角膜反射消失，常在 3～4 h 安静死去。

③ 病理变化。剖检可见肾明显肿大，肾皮质柔软如泥，有的甚至呈糊状。小肠黏膜充血、出血，心包积液、内含纤维素絮块，肺出血和水肿，脾、胆囊可见不同程度肿大。

④ 诊断。根据本病的流行病学、临床症状和病理病变情况可做出初步诊断。必要时采取新鲜肾或其他实质脏器病料进行细菌分离鉴定，如从肠内容物检查到大量 D 型魏氏梭菌，则有助于确诊。临床上本病应与羊快疫、羊猝疽等进行鉴别诊断。

⑤ 防治措施。

预防：加强饲养管理，在本病常发区域每年定期接种羊三联四防疫苗，管理上应特别注意防止羊只采食大量青嫩多汁和富含蛋白质的饲草。

治疗：无有效的治疗药物，由于发病急，多数病例来不及治疗就已死亡。

（3）羊猝疽

羊猝疽是由 C 型魏氏梭菌引起的羊的一种毒血症，以急性死亡、腹膜炎和溃疡性肠炎为特征。

① 流行特点。本病多见于 1～2 岁的绵羊，膘情较好的多发，山羊有时也会发病。本病经消化道传染，多发于冬、春季节，常见于低洼、沼泽地区放牧的羊群，常呈地方性流行。

② 临床症状。发病急，多数病羊未见明显的临床症状即突然死亡，有时可见病羊掉群、卧地、不安、衰弱和痉挛，一般在数小时内即死亡。

③ 病理变化。剖检可见十二指肠和空肠黏膜充血或出血，糜烂和溃疡。腹膜炎，胸腔、腹腔和心包积液，内含纤维素絮块，浆膜面出血。

④ 诊断。根据流行病学、临床症状和病理变化可做出初步诊断。必要时可通过对肠内容物和内脏进行细菌分离鉴定和毒素检查来确诊。临床上本病应与羊快疫、肠毒血症、炭疽和巴氏杆菌病等进行鉴别诊断。

⑤ 防治措施。

预防：在疫区，每年要定期接种三联四防疫苗。同时，还要加强饲养管理，防止羊群受寒感冒或采食冰冻饲料或不洁饲料。羊舍要保持清洁干燥。

治疗：由于本病发病急，往往无明显先兆就发病死亡。一般要等羊群出现一些急性死亡病例或出现慢性病例后再进行治疗。

（4）羊黑疫

羊黑疫又称为传染性坏死性肝炎，是由 B 型诺维梭菌引起的绵羊和山羊的一种急性高度致死性毒血症，其特征是急性死亡和肝实质出现坏死灶。

①流行特点。绵羊和山羊均可感染，以2～4岁膘情较好的绵羊发病最多。本病经消化道传染，主要发生于肝片吸虫流行地区，多发于春、夏季，在地势较低的低洼潮湿处放牧的羊群多发。

②临床症状。发病急促，多数不见临床症状即死亡。少数病程长的病羊体温升高、呼吸困难，多在俯卧昏睡中死亡。病程几小时至2 d不等。

③病理变化。皮下明显瘀血，皮肤呈暗黑色，故称为羊黑疫。肝表面和肝实质内有数量不等的圆形灰黄色坏死灶，直径为2～3 cm，周围常围绕一圈红色充血带。浆膜腔积液，暴露于空气中易凝固。心内膜、皱胃及小肠黏膜常有出血。

④诊断。根据本病的流行病学、临床症状及病理变化可做出初步诊断。必要时采取肝病灶边缘组织或脾，进行直接镜检、分离培养和动物实验，或采取腹水或肝坏死组织进行毒素检查。临床上本病应与羊快疫、肠毒血症等进行鉴别诊断。

⑤防治措施。

预防：加强饲养管理，消除发病诱因，应特别注意控制肝片吸虫感染。常发本病的地区，应对羊只进行相应的免疫接种。

治疗：在发病早期可用抗诺维梭菌血清进行对症治疗，同时将发病羊群转移到高燥地区放牧，加强饲养管理，可降低发病率。

（5）羔羊痢疾

羔羊痢疾是由B型魏氏梭菌引起的羔羊的一种急性毒血症，以剧烈腹泻和小肠溃疡为特征。

①流行特点。主要危害7日龄以内的羔羊，其中以2～3日龄时发病最多。主要经消化道传染，也可通过脐带或创伤感染，导致羔羊抵抗力下降的不良诱因是本病发生的重要原因。

②临床症状。潜伏期为1～2 d。病羊精神沉郁，腹泻，有

的便中带血，若不及时治疗，常在1～2 d死亡。有的病羔不会下痢，而出现腹胀和神经症状，四肢瘫软，卧地不起，最后体温下降而衰竭死亡。

③ 病理变化。尸体严重脱水。典型病变在消化道，皱胃内有未消化的凝乳块，小肠（特别是回肠）黏膜充血发红，溃疡周围有一出血带环绕，有的肠内容物呈血色，肠系膜淋巴结肿胀充血或出血。

④ 诊断。依据流行病学、临床症状及病理变化可做出初步诊断，必要时可采集实质脏器病料进行细菌分离培养及毒素检查进一步确诊。临床上本病应与沙门氏菌、大肠杆菌及其他原因引起的腹泻病例进行鉴别诊断。

⑤ 防治措施。

预防：加强妊娠母羊及新生羔羊的饲养管理，减少应激，增强羔羊的抵抗力。搞好环境卫生消毒工作，应特别注意母羊分娩舍和羔羊圈舍的环境卫生，减少羔羊感染该病的机会。对常发本病地区，每年秋季给母羊免疫接种五联苗或羔羊痢疾菌苗，产前2～3周再加强免疫接种一次。

治疗：隔离发病羔羊，对病程较长的可以治疗，主要用抗菌类药物治疗，对病羔所在圈舍进行彻底消毒，对病死羔进行无害化处理。

第四节　其他传染病防治技术

1. 山羊传染性胸膜肺炎

山羊传染性胸膜肺炎又称为山羊支原体性肺炎，是由丝状支原体山羊亚种引起的一种高度接触性传染病。其临床症状主要表现为高热、咳嗽和明显的胸膜肺炎症状，在山羊饲养地区较为多见。

（1）流行特点

自然条件下，由丝状支原体山羊亚种引起的山羊传染性胸膜肺炎只感染山羊，尤其是 3 岁以下的山羊最易感，而绵羊支原体对山羊和绵羊均有致病作用。本病主要经呼吸道感染。冬、春季发病率高，常呈地方性流行。

（2）临床症状

潜伏期为 5～20 d。临床上以卡他性鼻液、咳嗽、呼吸性啰音、纤维素性胸膜炎、肺炎及部分母羊流产、进行性消瘦为主要特点。新疫区以急性病例多见，体温高达 41～42 ℃，呈稽留热，咳嗽，浆液性鼻液，4～5 d 转为干咳、黏脓性鼻液（呈铁锈色），呼吸困难。慢性型在老疫区多见或由急性病例转变而成，表现为不时咳嗽，消瘦，被毛粗乱，肺炎症状时轻时重。

（3）病理变化

剖检变化主要在肺、胸腔和纵隔淋巴结，表现为浆液性纤维性胸膜肺炎病理变化。慢性病例表现为纤维素性肺炎、胸膜炎。肺部肝变区界限清楚，其外有肉芽组织形成包囊，与胸膜粘连。胸水较多并有大小不等的黄白色纤维素性凝块。淋巴结实质变性、变硬或萎缩。气管内含有黏液的脓性渗出物，黏膜充血。

（4）诊断

根据本病的流行病学、临床症状及病理变化可做出初步诊断，必要时进行支原体的分离培养和鉴定。临床上应与羊链球菌病、巴氏杆菌病进行鉴别诊断。

（5）防治措施

① 预防。加强饲养管理，提倡自繁自养，生产上应根据疫病流行情况做好山羊传染性胸膜肺炎疫苗的免疫接种工作。近年研究发现，引起该病的病原有多种，接种疫苗前应进行病原实验室诊断，以选择病原针对性强的疫苗进行免疫接种。

② 治疗。治疗上应强调用药的及时性和有效性。对病羊要进行隔离，红霉素、恩诺沙星、氟苯尼考、泰乐菌素及新砷凡钠明"914"或磺胺嘧啶钠等均有一定疗效。在治疗过程中强调连续用药，并做好必要的对症治疗。遇到气候转变时，病羊有可能

还会复发本病，需做好防范工作。

2. 羊衣原体病

羊衣原体病是由鹦鹉热衣原体引起的山羊、绵羊的一种以发热、流产、死产和产出弱羔为特征的传染病。

(1) 流行特点

本病对山羊、绵羊及其他畜禽均易感，多呈地方性流行。在临床上病羊出现肺炎、肠炎、结膜炎、脑炎、妊娠母羊流产和羔羊多发性关节炎等多种病症。病羊和隐性感染羊是本病的传染源，大多经呼吸道、消化道感染，有时也可通过交配或昆虫进行传播。

(2) 临床症状和主要病变

山羊感染本病后可表现不同的临床症状。

① 流产型。通常发生于母羊妊娠的中后期，流产前无特征性先兆，流产后从母羊阴户流出粉红色或奶油样黏液，还表现为胎衣不下或滞留。剖检可见胎盘绒毛膜和子叶出现增厚、出血、坏死，并混有淡黄色渗出物，子宫黏膜出血、水肿等。

② 关节炎型。主要发生于羔羊，表现为一肢或四肢跛行，关节肿胀，触摸有热痛感。病羊食欲减退，行动迟缓，影响采食和运动，生长较为缓慢。

③ 结膜炎型。主要发生于绵羊，特别是育肥羔和哺乳羔。最初眼结膜出血、水肿、畏光流泪，接着眼角膜出现不同程度的混浊、溃疡或穿孔。发病羊群中，可见公羊患有睾丸炎、附睾炎等疾病。

(3) 诊断

根据本病的流行病学、临床症状和病理变化可做出初步诊断，必要时可进行病原分离鉴定或采用血清学方法确诊。临床上应与布鲁氏菌病和沙门氏菌病等进行鉴别诊断。

(4) 防治措施

① 预防。本病流行地区可免疫接种羊流产衣原体灭活疫苗

进行预防。此外，还需做好环境的消毒、流产胎儿和胎衣的无害化处理工作。

② 治疗。关键是要选用敏感的抗生素，可用青霉素、强力霉素和四环素类等药物进行治疗。关节炎型利用地塞米松等药物进行治疗；结膜炎型要配合使用适量的抗生素软膏进行局部处理。

3. 羊钩端螺旋体病

羊钩端螺旋体病又称传染性黄疸、黄疸血红蛋白尿，是由钩端螺旋体引起的一种人兽共患病。

（1）流行特点

秋季是该病的流行高峰，但其他季节也有散发。传染源是病羊和鼠类。各种年龄的羊均可发病，但羔羊发病时病情较重。本病主要经消化道和皮肤感染，通过鼠咬伤、结膜或上呼吸道黏膜传染或通过交配传染给健康的羊。

（2）临床症状

潜伏期为 4～15 d。临床上通常以急性或亚急性表现为主。典型特征是可视黏膜黄染和尿液呈暗红色。急性病例体温升高到 40 ℃以上，呼吸加快。由于胃肠道迟缓而发生便秘，尿呈暗红色。眼结膜炎，流泪，鼻腔流出黏液脓性分泌物，鼻孔周围皮肤破裂。一般病程持续 5～10 d，死亡率达 50%～65%。有时可导致妊娠母羊流产。

亚急性病例症状与急性症状大致相同，但发展比较缓慢。体温不稳定，体温升高后又迅速降到常温，反复不定。黄疸及血尿很明显，耳部、躯干及乳头部的皮肤发生坏死。死亡率为 20%～25%。

（3）主要病变

病死羊尸体消瘦，可视黏膜湿润，呈深浅不同的黄色。剖检可见皮下组织水肿呈黄色，骨骼肌松软而多汁，呈柠檬黄色。胸腹腔内有大量黄色液体。肝增大，呈黄褐色，质脆或柔软。肾肿大、易碎，髓质与皮质的界限消失，组织柔软而脆，病程稍长时，肾变得坚硬。脑室中聚积有大量液体，血液稀薄，红细胞溶解，在空气中长时间不能凝固。

（4）诊断

可直接镜检。血液、尿液或体液经离心后取沉淀物进行压片，在显微镜下检查虫体，也可以进行血清学检查或动物免疫接种确诊。

（5）防治措施

① 预防。做好环境卫生工作，定期灭鼠以减少或消灭传染源。提倡自繁自养，不到疫区引进种羊。

② 治疗。可用高免血清、抗生素或新砷凡钠明"914"进行治疗。治疗过程中要禁止病羊进出，用消毒水进行严格消毒，防止病原扩散，并做好羊舍粪便及污染物的无害化处理。

4. 羊附红细胞体病

本病是由附红细胞体引起的一种人兽共患的急性传染性血液病。附红细胞体寄生于羊的红细胞或血浆中，临床主要表现为黄疸性贫血、发热、呼吸困难、虚弱、流产、腹泻，甚至死亡等症状。

（1）流行特点

该病一年四季均可发生，主要发生于温暖多雨季节，常呈地方性流行，各日龄羊均可发病，哺乳羔羊的发病率和死亡率较高，其他羊多为隐性感染。

（2）临床症状

主要以黄疸性贫血和发热为特征。病初体温升高、呈稽留热，精神沉郁，饮食和饮水不停，但形体消瘦，可视黏膜苍白、黄疸，最后体温下降，痛苦呻吟而死，个别有神经症状。尿液呈深红色或茶褐色。妊娠母羊出现流产、产弱胎和不发情等繁殖障碍症状，公羊出现性欲减退等症状。

(3) 病理变化

主要变化为贫血和黄疸。血液稀薄，呈淡红色，也有的呈酱油色，凝固不良。全身肌肉颜色变淡，脂肪黄染，体表有出血点或出血斑。肝、肾、肺、脾肿大并且有大小不一的出血点，胆囊肿大，胆汁稀薄，淋巴结肿大、切面外翻。心包液增多，质软，心外膜和冠状脂肪出血及黄染。

(4) 诊断

可根据流行特点、临床症状及病理变化做出初步诊断，确诊需采血压片镜检。

(5) 防治措施

① 预防。加强饲养管理，搞好环境卫生，定期进行消毒和药浴消灭虱、螨等体外寄生虫。做到早发现、早治疗，对可疑羊只应及时用不同驱虫药交替驱虫。

② 治疗。用黄色素以生理盐水或蒸馏水稀释后按每千克体重 $5\sim7$ mg 静脉注射，以控制对红细胞的破坏；或用贝尼尔（血虫净），按每千克体重 $7\sim10$ mg 静脉注射，连用 $2\sim3$ d。症状控制后，用阿散酸制丸按每千克体重 $5\sim8$ mg 口服，连用 $5\sim10$ d。

第五节 主要寄生虫病防治技术

1. 羊片形吸虫病

本病又称羊肝片吸虫病，由肝片吸虫和大片吸虫寄生于肝、胆管内引起的一种寄生虫病，是羊主要的寄生虫病之一。

(1) 流行特点

本病分布广泛，宿主范围广。季节性强，多发生于春末及夏、秋季节。经口腔感染是唯一的感染途径，具有较强的地方流行性。各日龄羊均易感染发病，特别是在雨水多、地势低、沼泽地带放牧的羊易感染本病。

（2）临床症状

临床表现可分为急性型和慢性型两个类型。

① 急性型。多见于夏末和秋季。主要表现为体温升高、精神沉郁、食欲减少或废绝，排稀粪或黏液性稀粪，严重贫血、黄疸，可视黏膜苍白，肝区触摸有压痛感，严重病例多在出现症状后3～5 d死亡。

② 慢性型。慢性病例较多见，可发生于任何季节。病羊逐渐消瘦、被毛粗乱、食欲不振、黏膜苍白、极度贫血，眼睑、颌下、胸部、腹部皮肤出现水肿，便秘和下痢交替出现，最后衰竭死亡，个别病羊可耐过。

（3）病理变化

病死羊可视黏膜贫血明显。剖检可见腹水明显增多，肝肿大硬化、色泽暗灰色，肝小叶间结缔组织增生并呈绳索样突出于肝表面。切开胆囊和胆管可见一些片形吸虫成虫，胆管壁发炎并有磷酸钙等盐类沉淀，肝内静脉管腔内也有数量不等的虫体堆积和污浊浓稠的液体。

（4）诊断

根据临床症状、流行病学情况、虫卵检查及病理剖检结果可做出综合判断，还可通过有关免疫学、血清学进行诊断。

（5）防治措施

① 预防。坚持定期驱虫，每年选用三氯苯唑、丙硫苯咪唑和硝氯酚等药物对羊群进行4次驱虫，其中春末和秋季的驱虫尤为重要。羊舍的粪便要采用堆积发酵的方法杀灭虫卵。在有较多中间宿主淡水螺的地方要经常性灭螺。放牧应尽量选择地势高而干燥的牧场，尽量实行划区轮牧。饮水需选用自来水、井水及流动的河水。

② 治疗。治疗羊肝片吸虫病的药物主要有：三氯苯唑，对成虫、幼虫均有效，用量为每千克体重 12～15 mg，一次灌服。丙硫苯咪唑，为广谱驱虫药，对成虫效果好，但对童虫和幼虫效

果较差，用量为每千克体重 10～15 mg，一次灌服。硫双二氯酚（别丁），对成虫有效果，用量为每千克体重 80～100 mg，一次灌服。碘醚柳胺，对成虫、幼虫均有效，用量为每千克体重 7～10 mg，一次灌服。溴酚磷（蛭得净），对成虫、幼虫均有效，用量为每千克体重 10～16 mg，一次灌服。

2. 羊胰阔盘吸虫病

本病是由阔盘吸虫寄生于牛、羊、兔和人等胰管内的一种人兽共患寄生虫病，主要引起宿主营养障碍和贫血，其特征是引起下痢、贫血、消瘦和水肿等，严重时可导致死亡。

（1）流行特点

本病呈地方性流行，一般在冬、春季发病，多发生在低洼、潮湿的放牧地区。本病的流行与陆地的螺、草螽的分布和活动有密切关系。

（2）临床症状

感染虫体数量少时，多呈隐性感染。阔盘吸虫大量寄生时，由于虫体刺激和毒素作用，胰管发生慢性增生性炎症，使管腔窄小甚至闭塞，胰消化酶的产生和分泌及糖代谢功能失调，引起消化及营养障碍。病羊消化不良、精神沉郁、消瘦、贫血、颌下及胸前水肿，常见下痢，粪中常有黏液，严重时因衰竭而死。

（3）病理变化

尸体消瘦，胰腺肿大，胰管因高度扩张而呈黑色蚯蚓状突出于胰表面，粗糙不平。胰管发炎变得肥厚，管腔黏膜不平，呈乳头状小结节突起，并有点状出血，内含大量虫体。慢性感染则因结缔组织增生而导致整个胰硬化、萎缩，胰管内仍有数量不等的虫体寄生。

（4）诊断

羊胰阔盘吸虫病的虫体较小，虫体呈半透明状，在显微镜下内部器官结构清晰可见。虫卵为黄色或深褐色、卵圆形、卵壳厚，一端有卵盖，内有毛蚴。

(5) 防治措施

① 预防。加强饲养管理，做到定期驱虫和消灭中间宿主（蜗牛、草螽等），做好粪便的堆积发酵。尽量实行划区放牧，以避免感染。

② 治疗。在临床上可使用吡喹酮，用量为每千克体重 60～80 mg，一次灌服；或使用六氯对二甲苯（又称血防 846），用量为每千克体重 400～600 mg，一次灌服，隔日 1 次，连用 3 次。

3. 羊捻转血矛线虫病

羊捻转血矛线虫病又称捻转胃虫病，是由寄生于反刍动物皱胃、小肠内的捻转血矛线虫引起的一种寄生虫病，常导致高死亡率、低繁殖率。

(1) 流行特点

各种日龄的羊均可发生，但羔羊发病率和死亡率较高，成年羊有一定的抵抗力，也常出现自愈现象，以丘陵山地放牧的羊易感，特别是在曾被该病原污染过的草场放牧感染率高。一年四季均可发生，在春、夏季发病率较高，高发季节开始于 4 月青草萌发时，5—6 月达到高峰，随后呈下降趋势，但在多雨、闷热的8—10 月也易暴发。

(2) 临床症状

以贫血、衰弱和消化紊乱为主。急性型以肥壮羔羊突然死亡为特征。病死羊眼结膜苍白，高度贫血。一般为亚急性经过，病羊被毛粗乱、消瘦、精神萎靡，放牧时落群，严重时卧地不起，眼结膜苍白，下颌间或下腹部水肿。若治疗不及时，多转为慢性，此时症状不明显，主要表现为消瘦、被毛粗乱。放牧时发病的羊群，早期大都以肥壮羔羊突然死亡为特征，随后病羊便出现亚急性症状。

（3）病理变化

除贫血之外，皮下和肠系膜可出现胶冻样水肿，皱胃黏膜上和皱胃内容物充满大量毛发状粉红色虫体，附着在胃黏膜上时如覆盖着一层毛毯样暗棕色虫体，有的绞结成黏液状团块，有些还会慢慢蠕动。有时还会出现不同程度的胃黏膜水肿、出血以及肠炎病变。

（4）诊断

根据本病的流行情况和临床症状，特别是死羊剖检后可见皱胃内有大量红白相间的捻转血矛线虫，即可确诊。

（5）防治措施

① 预防。加强饲养管理，定期进行粪便虫卵检查，羊群每年要用广谱驱虫药进行预防驱虫 3～4 次，平时发现感染率高时要及时驱虫。有条件的要实行划区轮牧，以减少本病的感染机会。

② 治疗。采用丙硫苯咪唑治疗，用量为每千克体重 10～15 mg，一次灌服；或用左旋咪唑，用量为每千克体重 6～10 mg，一次灌服。严重感染时间隔 7～10 d 再驱虫 1 次，以后每 2～3 个月定期驱虫 1 次。

4. 羊前后盘吸虫病

本病是由前后盘科各属吸虫寄生于反刍动物的瘤胃和胆管中而引起的一种寄生虫病的总称。

（1）流行特点

本病牛、羊的感染率很高，南方地区较北方更为多见。主要发生于夏、秋季，其中间宿主——小锥实螺分布广泛，在沟塘、小溪、湖泊和水田中均大量存在，与本病的流行成正相关。

（2）临床症状

多数无明显症状，严重感染时可表现为精神不振、食欲减退、反刍减少、消瘦、贫血、水肿和顽固性腹泻，粪便呈水样，恶臭，且常混有血液。发病后期精神萎靡，极度虚弱，眼睑、颌下、胸腹下部水肿，最后衰竭死亡。成虫感染引起的症状是消瘦、贫血、下痢和水肿，但过程缓慢。

（3）病理变化

剖检可见尸体消瘦，黏膜苍白，腹腔内有红色液体，有时在液体内还可发现幼小虫体。皱胃幽门部、小肠黏膜有卡他性炎症，黏膜下可发现幼小虫体，肠内充满腥臭的稀粪。胆管、胆囊膨胀，内有幼虫。成虫寄生部位损害轻微，在瘤胃壁的胃绒毛之间吸附有大量成虫。

（4）诊断

幼虫引起的疾病，主要是根据临床症状，结合流行病学资料分析来诊断。还可进行实验性驱虫，如果粪便中找到相当数量的幼虫或病羊症状好转，即可做出诊断。对成虫可用沉淀法在粪便中找出虫卵加以确诊。

（5）防治措施

① 预防。羊群定期驱虫，羊粪要堆积发酵杀灭虫卵，尽量不在低洼、潮湿处放牧或饮水，有条件的地方可用化学或生物方法灭螺，以消除中间宿主，减少感染机会。

②治疗。可使用硫双二氯酚进行驱虫，每千克体重用量为80～100 mg，一次灌服；还可使用丙硫苯咪唑、氯硝柳胺等药物进行驱虫。

5. 羊绦虫病

羊绦虫病是由裸头科中的多种绦虫寄生于羊的小肠内而引起的一种慢性、消耗性寄生虫病，对羊的危害较大。在诸多绦虫病中，以莫尼茨绦虫病最为常见，危害也较其他绦虫严重，尤其是对羔羊，可造成成批死亡。

（1）流行特点

本病分布很广，一年四季都可发生，其中南方在每年的5—6月发病率最高，在其他季节也可持续感染。本病对 2～7 月龄的幼羊感染率比较高，而对成年羊的感染率很低。传播媒介与地螨有关。

（2）临床症状

羊感染后的症状因感染强度及年龄的不同而不同，轻度感染时无明显症状，严重感染时病羊精神沉郁、消瘦、经常消化不良或顽固性下痢，粪便中常夹带有绦虫的孕卵节片。有的病羊因虫体成团而引起肠道阻塞，发生腹痛甚至肠破裂，因腹膜炎而死亡。有的病羊后期痉挛或有转圈、空嚼、痉挛和弓背等症状，最终衰竭死亡。

（3）病理变化

主要病变是尸体消瘦、贫血。剖检可在病死羊小肠中发现数量不等的虫体，有时可见肠壁扩张、肠套叠乃至肠破裂，心内膜和心包膜有明显的出血点。

（4）诊断

根据粪便中检查到特征性虫卵（类三角形）以及在病死羊小肠中检查到本病的虫体即可诊断，也可进行驱虫试验，如发现排出绦虫虫体或病羊症状明显好转即可确诊。

（5）防治措施

① 预防。每年应进行定期驱虫 3～4 次，同时控制本病的中间宿主（地螨），有条件的地方可实行轮牧，应避免在低洼湿地或在雨后、清晨和黄昏后放牧。

② 治疗。常用药物：1％硫酸铜溶液，用量为每只灌服 15～40 mL，现配现用，禁止用铁制容器盛装；氯硝柳胺，用量为每千克体重 80～100 mg，一次灌服；硫双二氯酚，用量为每千克体重 80～100 mg，一次灌服；吡喹酮，用量为每千克体重 60～80 mg，一次灌服。

6. 羊脑包虫病

羊脑包虫病又称羊疯病、羊多头蚴病，是由多头绦虫的幼虫

（多头蚴）寄生于羊的脑和脊髓中而引发脑炎、脑膜炎等一系列神经症状的寄生虫病。

（1）流行特点

本病多见于牛、羊，有时也可见于猪、马及其他动物，有些地方可引起地方性流行。成虫寄生于犬、狼、狐狸的小肠中。一年四季均可发生，但以春季多发。

（2）临床症状

发病前期病羊症状多为急性型，体温升高，脉搏加快，出现神经症状，不断做回旋、前冲、后退等动作。发病后期，多头蚴发育至一定大小，病羊呈慢性症状，其典型症状根据虫体寄生部位不同而出现不同特征的转圈方向和姿势。虫体寄生在大脑半球表面的概率最高，典型症状为转圈运动，其转动方向多向寄生部一侧。病变为对侧视力发生障碍以至失明，局部皮肤隆起、压痛、软化，对声音刺激反应很弱。如寄生于大脑正前部，病羊头下垂，向前做直线运动，碰到障碍物头抵住呆立；如寄生于大脑后部，病羊仰头或做后退状，直到跌倒卧地不起；如寄生于小脑，病羊知觉敏感，易惊恐，运动丧失平衡，痉挛易跌倒。

（3）病理病变

急性死亡的羊可见脑膜炎和脑炎病变，还可见到六钩蚴在脑膜中移行时留下的弯曲伤痕。慢性期的病例则可在脑、脊髓的不同部位发现大小不等的囊状多头蚴；在病变或虫体相接的颅骨处，骨质松软、变薄甚至穿孔致使皮肤向表面隆起，病灶周围脑组织发炎。

（4）诊断

通过临床症状可做出初步诊断，在脑和脊髓的不同部位检出囊状多头蚴即可确诊。

（5）防治措施

① 预防。对牧区内所有家犬和牧羊犬每季度驱虫1次，驱虫后排出的粪便要深埋或焚烧。对发生本病的病羊、死羊应烧毁或

进行深埋处理，防止犬等动物食入而感染本病后又传染给羊群。

② 治疗。一般无治疗意义。个别珍贵品种病羊可采取手术摘除囊状多头蚴，常用方法有颅骨钻孔包囊钻孔术、针刺包囊法等。

7. 羊球虫病

本病是由艾美耳球虫属的多种球虫寄生于羊肠道所引起的一种原虫病，以下痢、便血、贫血、消瘦和发育不良为主要特征。本病对羔羊危害最为严重。

(1) 流行特点

各品种的绵羊、山羊对球虫病均易感，羔羊的易感性最高，可引起大量死亡。流行季节多为春、夏、秋季，冬季气温低，不利于卵囊发育，因此很少发生感染。羊舍卫生环境差，草料、饮水和哺乳母羊的奶头被粪便污染，都可传播此病。在突然更换饲料和羊抵抗力降低的情况下也易诱发本病。

(2) 临床症状

潜伏期为 15 d 左右。依感染的种类、感染强度、羊只的年龄、抵抗力及饲养管理条件等不同而发生急性或慢性过程。急性病例病程为 2～7 d；慢性经过的病程可长达数周。病羊精神不振，食欲减退或消失，被毛粗乱，可视黏膜苍白，腹泻，粪便中常含有大量卵囊。体温上升到 40～41 ℃，严重者可导致脱水衰竭而死亡，死亡率为 10%～25%。

(3) 病理变化

尸体消瘦，脱水明显，尸体后躯常被稀粪或血粪污染。剖检可见肠道黏膜上有淡白色、黄色圆形或卵圆形结节状坏死斑，大小如粟粒至豌豆大，内容物为糊状或水样，肠系膜淋巴结炎性肿大。

(4) 诊断

本病可通过新鲜羊粪进行饱和盐水漂浮法或直接镜检发现大量球虫卵囊而确诊，临床上应注意本病与其他肠道疾病混合感染的问题。

（5）防治措施

① 预防。加强饲养管理，保持圈舍及周围环境的卫生，定期消毒，及时进行粪便堆积发酵以杀灭虫卵。临床上可使用抗球虫药物进行预防。

② 治疗。抗球虫药物种类很多，对不同的虫种作用存在差异，不同抗球虫药具有不同的活性高峰期，有的抗球虫药对球虫免疫力会有影响，长期反复使用常产生抗药性，应因地制宜、合理选用。效果比较好的药物有磺胺二甲嘧啶、磺胺喹噁啉和氨丙啉等。

第六节　常见普通病防治技术

1. 瘤胃积食

本病是由于羊瘤胃中的饲料量超过了正常瘤胃容积，致使胃容积增大，胃壁过度扩张，食糜滞留在瘤胃中而引起严重消化不良的疾病。

（1）发病原因

病因是由于羊采食了大量质量不良、难以消化的饲料（如地瓜藤、玉米秸秆或粗干草等），或采食了大量易膨胀的饲料（如大豆、豌豆或谷物等）。继发病因为前胃弛缓、瓣胃阻塞、创伤性网胃炎和皱胃炎等。

（2）主要症状

多发生于进食后一段时间。主要表现为精神不安、弓背、后肢踢腹等症状；食欲减少或废绝；反刍、嗳气减少或停止；瘤胃坚实，瘤胃蠕动极弱或消失；腹围增大，呼吸急促。严重时卧地不起或呈昏睡状态。

（3）诊断

触诊瘤胃表现为胀满和硬实，听诊瘤胃蠕动音减弱或消失，结合临床症状可做出初步诊断。临床上还要与前胃弛缓、瘤胃臌气、创伤性网胃炎等进行鉴别诊断。

（4）防治措施

① 预防。加强羊群饲养管理，平时不要饲喂过于粗硬干燥的饲料，还应防止羊只过饥后的过度暴食，更换饲料要逐步过渡。

② 治疗。发病初期，在羊的左肷部用手掌按摩瘤胃，每次按摩 5～10 min，以刺激瘤胃，使其恢复蠕动，也可灌服石蜡油 100～200 mL，或灌服硫酸镁或硫酸钠 50～80 g（浓度为 8%～10%）。对个别严重的羊只可肌内注射硫酸新斯的明针剂或维生素 B_1 针剂，并结合强心补液提高治愈率。

2. 瘤胃臌气

本病因瘤胃内容物异常发酵，产生大量气体不能以嗳气排出，致使瘤胃体积增大，多因饲喂豆科植物或谷物类饲料过多而引起。

（1）发病原因

本病是由瘤胃中食物迅速发酵产生大量的气体造成的，包括原发性病因和继发性病因。原发性病因是羊在较短时间内吃了大量易发酵的精料、幼嫩牧草或变质饲料等。继发性病因常见于羊发生食道阻塞、前胃弛缓、瓣胃阻塞、创伤性网胃炎等。

（2）主要症状

突然发病，食欲下降，嗳气停止，腹围明显增大，左肷部突出，叩诊为鼓音，病羊烦躁不安，严重时呼吸困难，可视黏膜发绀。排少量稀粪，随后停止排粪。如处理不及时，病羊很快就会倒地呻吟或出现痉挛症状，几个小时内即出现死亡。

（3）防治措施

① 预防。加强饲养管理，不喂太多的精料或不让羊吃太多的幼嫩牧草和豆科牧草（如紫云英和紫花苜蓿等）。

② 治疗。治疗以排气、止酵和泻下为原则。在早期可灌服

食用油 100～200 mL 或石蜡油 100 mL、鱼石酯 2 g、乙醇 10 mL 混匀后加适量水灌服，也可选用陈皮酊 50 mL 或龙胆酊 50 mL 适量兑水后灌服。对于膨气特别严重的羊只应进行瘤胃穿刺放气，操作过程中要控制放气速度，防止出现脑缺氧或腹膜炎等。

3. 羊胃肠炎

本病是由于胃肠壁的血液循环与营养吸收受到严重阻碍，而引起胃肠黏膜及其深层组织发生炎症的一种疾病。

（1）发病原因

由于饲养管理不当，羊采食了大量冰冻、腐败、变质、有毒的饲草饲料，或草料中混有化肥或具有刺激性药物。

（2）主要症状

病羊食欲废绝，口腔干燥发臭，舌面覆有黄白苔，常伴有腹痛。磨牙、口渴、弓背，同时排出稀粪或水样稀粪，气味腥臭或恶臭，粪中有血液或坏死的组织片。由于腹泻，常引起脱水，严重时病羊消瘦，极度衰竭，四肢末端冰凉，卧地不起，最后昏睡或抽搐而死。

（3）主要病变

眼球凹陷，胃肠黏膜易脱落，肠内有大量水样内容物，肠系膜淋巴结肿胀。

（4）防治措施

① 预防。加强饲养管理，不喂霉烂变质和冰冻饲料，消除各种导致胃肠炎的病因，饲喂定时、定量，饮水应清洁，保持圈舍内干燥、通风。

② 治疗。首先应消除病因，治疗原则是清理胃肠，保护肠黏膜，制止胃肠内容物腐败发酵，预防脱水和加强护理。对严重腹泻的病羊，可用抗生素及磺胺类药物配合收敛剂进行治疗。为防止胃肠内容物腐败，可内服 0.1% 高锰酸钾溶液；为吸附肠内有毒物质，可内服药用炭。

4. 羊流产

羊流产是指母羊妊娠中断，或胎儿不足月就被排出子宫而死亡。

(1) 发病原因

造成妊娠母羊流产的原因很多，有传染性病因，如羊感染布鲁氏菌病、弯杆菌病、毛滴虫病和衣原体病等；也有非传染性病因，如妊娠母羊的饲养管理不良、饲料发霉、药物中毒和生殖系统疾病等。

(2) 主要症状

突然发生流产者，一般无特征性表现。发病缓慢者，表现为精神不佳，食欲停止，腹痛、起卧、努责，阴户流出羊水，待胎儿排出后稍为安静。若在同一羊群病因相同，则陆续出现流产，直至受害母羊流产完毕。

(3) 诊断

传染性病因导致的流产，一般发病率比较高、发病面积广；非传染性病因引起的流产多为零星发生。

(4) 防治措施

① 预防。要加强饲养管理，防止妊娠母羊的意外伤害。对有流产预兆的妊娠母羊要采取保胎和安胎措施，每次可肌内注射黄体酮 15～25 mg，每天 1 次，连用 3 d。

② 治疗。对已发生流产的母羊，要让母羊把胎儿和胎衣排干净，必要时人工助产或肌内注射催产素或氯前列烯醇，胎儿死亡、子宫颈未开时，应先肌内注射雌激素，使子宫颈开张，然后从产道拉出胎儿。对于流产面积比较大的羊群，应及时找出病因，采取相应的预防措施。

5. 羊子宫内膜炎

本病是常见的母羊生殖器官疾病，也是导致母羊不孕的重要原因之一。

（1）发病原因

母羊分娩过程中病原微生物通过产道侵入子宫，或由于配种、人工授精及接产过程中消毒不严格，尤其是在发生难产时不正确的助产、胎衣不下、子宫脱出、阴道脱出或胎儿死于腹中等，均易导致感染而引起子宫内膜炎。

（2）主要症状

① 急性子宫内膜炎。多发生于分娩过程中或分娩、流产后一段时间。病羊体温升高、食欲减退，反刍停止，常见拱背、努责及常做排尿姿势，并从阴门中流出粉红色或黄白色分泌物，阴门周围及尾部有干痂物附着，严重时可感染败血症而导致病羊死亡。

② 慢性子宫内膜炎。多由急性转变而来。病羊食欲稍差，阴道内经常排出混浊的分泌物或少量脓性分泌物。全身症状不明显，但发情不规律或停止发情，不易受孕。

（3）防治措施

① 预防。加强饲养管理，在进行母羊助产和人工授精等操作时要注意消毒，尽量减少对母羊产道的损伤，防止子宫受到感染。

② 治疗。对于严重的急性子宫内膜炎病例要采用局部冲洗子宫与全身治疗相结合的治疗措施。可用 100～200 mL 浓度为 0.1％的高锰酸钾溶液冲洗子宫，每天 1 次，连用 3～4 d。同时，选用广谱抗生素，如四环素、庆大霉素、卡那霉素、金霉素等，可将抗生素 0.5～1 g 用少量生理盐水溶解，用导管注入子宫，每天 2 次，连用 3～5 d。

6. 羊乳房炎

羊乳房炎是由于病原微生物感染而引起乳腺、乳池、乳头发炎，乳汁理化特性发生改变的一种疾病。主要特征是乳腺发生炎症，乳房红肿、发热、疼痛，影响泌乳功能和产奶量。多见于泌乳期的山羊、绵羊。

(1) 发病原因

本病多由挤奶技术不熟练、工具不卫生，损伤了乳头，或分娩后挤奶不充分，乳汁积存过多及乳房外伤等引起。有的因感染葡萄球菌、链球菌、大肠杆菌、化脓杆菌、假结核杆菌等引起。

(2) 主要症状

① 急性乳房炎。乳房发热、增大、疼痛、变硬，挤奶不畅，乳房淋巴结肿大，乳汁变稀或挤出絮状、带脓血乳汁。同时，可表现不同程度的全身症状，体温升高、食欲减退或废绝，病羊急剧消瘦，常因败血症而死亡。

② 慢性乳房炎。多因急性乳房炎未彻底治愈而引起。一般没有全身症状，患病乳区组织弹性降低、僵硬，触诊乳房时发现大小不等的硬块，乳汁稀、清淡，泌乳量显著减少，乳汁中混有粒状或絮状凝块。

(3) 防治措施

① 预防。保持羊舍清洁、干燥、通风。做好妊娠母羊后期和泌乳期的饲养管理工作，如挤奶时注意对母羊乳房进行消毒，动作要轻，母羊产奶较多时要控制其精料摄入量。

② 治疗。发病早期可对乳房局部采用冷敷处理，中后期可采用热敷和涂擦鱼石脂软膏进行消炎处理。对化脓性乳房炎可采取手术排脓和消炎处理。挤奶后，将消炎药物稀释后再通过乳导管注入乳房内，每天 2～3 次，连用 3～4 d。对有全身症状的病羊，要用抗生素进行全身治疗。

7. 羊支气管肺炎

羊支气管肺炎又称为小叶性肺炎，是发生于个别肺小叶或几个肺小叶及与其相连接的细支气管的炎症，多由支气管炎的蔓延引起。

(1) 发病原因

由于受寒感冒，长途运输后饲养管理不良，机体抵抗力减弱，受病原菌的感染或直接吸入有刺激性的有毒气体、霉菌孢子、烟尘等而致病。

（2）主要症状

病羊体温升高，呈弛张热型，最高时达 40 ℃以上。主要表现为喘气、咳嗽、呼吸困难、脉搏加快，鼻流浆液性或脓性分泌物。叩诊胸部有局灶性浊音，听诊肺区有捻发音。

（3）主要病变

气管和支气管有大量泡沫样分泌物，肺瘀血，局灶性肺部肉样病变，严重病例肺部可出现纤维性渗出病变。

（4）诊断

根据对病史的调查分析和临床症状观察，可做出初步诊断。

（5）防治措施

① 预防。加强饲养管理，注意供给优质、易消化的饲料和清洁的饮水，增强羊的抗病能力。圈舍应通风良好、干燥向阳，冬季保暖，春季防寒，以防感冒。

② 治疗。以抗菌消炎、祛痰止咳为治疗原则。可用庆大霉素、林可霉素、恩诺沙星、氧氟沙星、氟苯尼考和磺胺类等药物控制感染，并配合使用氯化铵、酒石酸锑钾和甘草合剂等镇咳祛痰。

8. 羔羊白肌病

羔羊白肌病主要是由于羔羊体内微量元素硒和维生素 E 缺乏或不足而引起的以骨骼肌、心肌和肝组织变性、坏死为特征的疾病。

（1）发病原因

由于饲草中硒元素和维生素 E 含量不足，或饲草中钴、锌、钒等微量元素过高影响羔羊对硒的吸收而造成。当饲草中硒含量低于 0.5 mg/kg 时，就有可能发生本病。本病的发生往往呈地方流行性，特别是羔羊发病率较高，而成年羊有一定耐受性。

（2）主要症状

病羔羊消化紊乱，并伴有顽固性腹泻。心率加快，心律不齐和心功能不全。机体逐渐消瘦，严重营养不良，发育受阻。站立不稳，走路时后肢无力、拖地难行、步态僵直，强行驱赶时双后肢似鸭子游水一样运动，发出惨叫声。

（3）病理变化

剖检可见骨骼肌和心肌变性，色淡，似石蜡样，呈灰黄色、黄白色的点状、条状或片状。

（4）诊断

根据地方性缺硒病史、临床表现、病理变化、饲料和体内硒含量的测定可做出诊断。

（5）防治措施

① 预防。加强对母羊的饲养管理，可在饲料中多补充一些亚硒酸钠预防本病。在缺硒地区，在羔羊出生后第三天肌内注射亚硒酸钠-维生素 E 合剂 1～2 mL，断奶前再注射 1 次，用量为 2～3 mL。

② 治疗。对发病的羔羊要皮下注射 0.1% 亚硒酸钠针剂 2～5 mL、维生素 E 针剂 100～500 mg，连用 3～5 d。也可使用亚硒酸钠-维生素 E 注射液进行肌内注射治疗。

9. 有机磷农药中毒

有机磷农药中毒是羊接触、吸入或采食了有机磷制剂所引起的一种中毒性疾病，以体内胆碱酯酶活性受到抑制，导致神经生理功能紊乱为特征。

（1）发病原因

羊误食喷洒过或污染了有机磷农药的牧草、青菜、饮水等；应用有机磷杀虫剂防治羊体外寄生虫时剂量过大或使用方法不当；羊接触了有机磷杀虫剂污染的各种工具器皿等而发生中毒。

（2）主要症状

病羊流涎、流泪、呕吐、腹泻、腹痛、瞳孔缩小、肌肉震颤、呼吸急促、兴奋不安、反复起卧、冲撞蹦跳、鼻孔流血。严重时病羊衰竭、昏迷和呼吸高度困难，抢救不及时则死亡。

（3）病理变化

剖检见胃黏膜脱落、胃内容物有大蒜味，肺表面有出血点或出血斑并有水肿病变，支气管内含有大量泡沫，肝肿大、表面有弥漫性出血，肠壁出血，肠炎病变明显。心冠脂肪和心肌也有不同程度的出血。

（4）诊断

依据症状、毒物接触史和毒物分析，并测定胆碱酯酶活性，可以确诊。

（5）防治措施

① 预防。要建立健全农药的保管和使用制度，不要在喷过农药的区域放牧。应用药物进行驱虫时要正确掌握使用剂量、浓度和方法。

② 治疗。早期可使用硫酸镁或硫酸钠等盐类泻药，用量为30～40 g，加适量水一次内服，尽快清除胃内毒物，进行排毒处理。同时，注射阿托品针剂，剂量为每千克体重 0.5～1 mg；静脉注射解磷定，用量为每千克体重 20 mg（用 5％葡萄糖稀释），每2～3 h 重复进行解毒处理。

第九章

南方肉羊养殖经济效益分析

肉羊养殖的主要目的是增加经济效益和为社会提供优质、丰富的羊肉产品。其中，经济效益是最关键的部分，可以说没有效益养羊业就不会发展。因此，养殖效益分析是从事养羊业前必须仔细思考的问题。从经营角度来看，要获得经济收益最大化，需要养殖成本的最低化和销售价格的最高化。本章主要根据南方地区肉羊养殖的主要模式和特点，结合影响不同养殖模式的养羊效益关键因素进行分析，既适用于农户养殖，也适用于专门化、规模化羊场的养殖规划参考。

第一节　养羊经济效益的构成要素
　　　　与投资概算

1. 生产成本

养羊生产作为一种经营投资行为，也具有一般投资行为的基本特性。肉羊养殖的投资分为固定成本、流动成本、不可预见成本三部分。不可预见成本主要考虑建筑材料、生产原料的涨价，其次是其他变故损失。

（1）固定成本

固定成本主要包括房屋折旧、机械设备折旧、饲养设备折旧、取暖费用、管理机构费用、维修费用、土地开支、种羊开支或折旧等。当然，不同养殖模式需要投入的固定成本差别较大。南方地区小规模全放牧条件下，仅需要羊舍、土地和种羊等养殖基本元素的投入。当养殖规模扩大或进行半舍饲养殖时，就要增加粗饲料加工机械、饲养设备等固定资产投入。全舍饲模式和集约化程度高的大型养殖场，相应的固定资产投入就更大，以满足养殖生产各个环节的需要。

确定养殖模式和养殖规模后，羊场的固定投资概算主要包括建筑工程的一切费用（设计费用、建筑费用、改造费用等）、购置设备产生的一切费用（设备费、运输费、安装费等）。在羊场占地面积、羊舍及附属建筑种类和面积、羊的饲养管理和环境调控设备以及饲料、运输、供水、供暖、粪污处理利用设备的选型配套确定之后，可根据当地的土地、土建和设备价格，粗略估算固定资产投资额。南方山区多，开山建羊舍土方工程量大、建材运输成本高，选址时应尽量选择地势相对平缓的地块或根据山形建设羊舍，建筑材料就地取材，开工前充分论证，减少固定资产的投资。

（2）流动成本

养羊生产的流动成本主要包括饲料开支、饲草开支、人工开支、水电开支、疫苗兽药开支等。小规模全放牧养羊生产多为农户自繁自养，除了少量疫苗兽药之外基本上没有流动成本支出。而大规模集约化养殖的流动资金包括饲料、药品、水电、燃料、人工费等各种费用，并要求按生产周期计算铺底流动资金（产品产出前）。根据羊场的规模、种羊的购置、人员组成及工资定额、饲料和能源价格，可以粗略估算流动资金额。

（3）不可预见成本

肉羊生产周期较长，在资金回笼或盈利前还需要留有不可预见成本资金。不可预见成本主要考虑建筑材料、生产原料的涨价，其次是其他变故损失。在南方地区从事肉羊养殖，还存在销售市场波动、地方品种生长速度慢、季节性消费等方面的不可预见性。因此，建议采用分步投资的方式逐步扩大规模，尽量减少不可预见成本增加的风险。

2. 收入构成

肉羊养殖的收入多是直接的、可变的收入：出栏羊数（包括种羊数）、羊肉产量、羊粪收入等。

3. 影响效益的因素

(1) 品种因素

饲养品种的生长速度、产羔率、饲料转化率、产品的品质和价格等。

(2) 生产条件因素

饲草料价格、人员工资水平、水电价格、运输价格、土地价格、资金周转速度及其他非生产成本和摊销等。

(3) 生产管理因素

正常生产管理条件下，年生产羔羊数、羔羊的成活率、出栏率、母羊比例、疾病发生率、饲料转化率、饲养周期、人员的管理能力、劳动强度等。

(4) 市场因素

羊肉的市场需求和价格。

(5) 加工因素

通过深加工可提高产品的档次和价格，增加市场竞争能力。

第二节　经济效益的计算方法

1. 直接经济效益

直接经济效益（不包括管理层费用、固定资产的折旧费用和非直接生产的交通、通信等费用）有多种计算方法。

（1）以种母羊为单位计算

种母羊的年收入＝［生产羔羊的总收入（羔羊的出栏、屠宰收入＋新育成羊的收入）＋羊粪收入－饲草开支－饲料开支－人员工资－水电气开支－医药开支－饲草地开支］/饲养母羊的只数

（2）以羔羊生长阶段为单位计算

羔羊育肥阶段收入＝［育肥结束时总收入（或出栏时收入）－育肥开始时羔羊的价格－育肥期间的饲草开支（包括折算饲草地开支）－饲料开支－医药开支－人员工资－水电气开支－其他开支］/育肥出栏时羊只数

（3）以单位面积草地计算

完全依靠种植的饲料地进行养羊生产时，也可采用单位面积草地的方法计算：

单位面积草地（饲料地）收入＝种母羊的总收入/饲料地面积

不完全依靠种植的饲料地进行养羊生产时，可采用下列方法计算：

单位饲料地收入＝［饲料地的饲料（或饲草）总收入（总产量×当年生产价格）－饲料地总开支（饲料地费用＋人员工资＋种子开支＋化肥开支＋农药开支＋运输开支＋水电气开支＋配套设备折旧费用等）］/饲料地面积

（4）以人为单位计算

人均年生产产值＝羊群全年总产值/实际参与直接生产的人数

人均年生产效益＝羊群全年的生产效益（可用种母羊的年收入计算）/实际参与直接生产的人数

（5）以投入与产值为单位计算

投入与产值比＝羊群年总收入/直接投入生产的资金数

2. 综合经济效益

综合经济效益实际上是年生产的实际收入，它包括养羊总收

入、直接成本和间接成本，可以反映羊群的真实效益，通过成本的划分可以分析出羊群的整体管理水平和生产水平。如果管理成本或间接成本大，说明非生产开支大，管理水平低，投资比例失调。如果生产成本大，说明生产性能上不去或生产原料成本太高，应采用相应的措施及时调整。

综合经济效益可用以下 3 种方法计算和分析：

存栏繁殖母羊的经济效益（或种母羊的经济效益）＝〔羊群年总产值－直接生产成本开支－管理费用开支（非直接生产成本开支）〕/年初种母羊的存栏数

投入与产出比＝年总产值/年总投资

投资比例＝直接生产成本/管理费用成本

第三节　提高经济效益的途径

从上述的经济效益分析可以看出，提高经济效益的途径：一是降低生产成本；二是增加产值。为此，可采用以下方法来提高肉羊养殖经济效益。

第一，选用优良品种和进行品种杂交改良，增加产羔数，提高生产性能。

第二，采用科学管理和科学生产技术（包括饲料加工、羔羊育肥、疾病防治、提高羔羊的成活率等），增加产值，减少直接生产成本（提高饲料转化率、提高人员的工作效率等），降低饲养费用。

第三，减少非生产性开支，提高管理效率。

第十章

南方地区集约化羊场经营与管理

工厂化、信息化、制度化、数字化、规程化的管理、生产例会与技术培训和生产指标绩效管理等措施，是实现现代化、企业化养羊的必要条件。

第一节　肉羊生产经营与管理

现代化的管理模式是南方地区肉羊产业发展的必要条件。

1. 企业文化管理

企业文化是一种观念形态的价值观，是企业长期形成的稳定的文化观念和历史传统以及特有的经营精神和风格，包括一个企业独特的指导思想、发展战略、经营哲学、价值观念、道德规范等。简单来讲就是企业的各项规章制度，要根据各企业自身的特点来制订，既要对企业有利，也要考虑员工的利益，实现双赢。但企业文化的关键是要坚持，如果不坚持，对制订的合理制度朝令夕改，也就无从谈及未来。

企业文化是植根于企业全体员工中的价值观、道德规范、行为规范、企业作风及企业的宗旨等。如果说各种规章制度、服务守则等是规范员工行为的"有形准则"，那么企业文化则作为一种"无形准则"存在于员工的意识中，如同社会道德一样约束着员工的精神。企业文化对企业的生存和发展有着不可替代的重要作用，一个企业的所有动力及凝聚力不是来自资源和技术，而是来自企业文化。

2．生产指标绩效管理

建立完善生产激励机制，对生产线员工进行生产指标绩效管理。规模化羊场最适合的绩效考核奖惩方案应是以每栋羊舍为单位的生产指标绩效工资方案。由于员工之间的工作是紧密相关的，有的是不可分离的，承包到人的方法不可取，所以对他们也不适合于搞利润指标承包，只适合于搞生产指标奖惩。生产指标绩效工资方案就是在基本工资的基础上增加一个浮动工资，即生产指标绩效工资。生产指标也不要过多过细，以免造成结算困难，也突出不了重点。

3．组织架构、岗位定编及责任分工

羊场组织架构要精干明了，岗位定编也要科学合理。一般来说，一个千只规模羊场定编 8～10 人。责任分工以层层管理、分工明确、场长负责制为原则。具体工作专人负责，既有分工，又有合作，下级服从上级；重点工作协作进行，重要事情通过投资者研究决定，要求每个岗位每个员工都有明确的岗位职责。

4．生产例会与技术培训

制订并严格执行周生产例会和技术培训制度，可以定期检查、总结生产上存在的问题，及时研究出解决方案，使生产有条不紊地进行。同时，还可以提高饲养人员、管理人员的技术素质，进而提高全场生产的管理水平。

5．制度化管理

羊场的日常管理工作要制度化，要让制度管人，而不是人管人。要建立健全羊场各项规章制度，如员工守则及奖惩条例、员工休请假考勤制度、会计出纳电脑员岗位责任制度、水电维修工岗位责任制度、机动车司机岗位责任制度、保安员门卫岗位责任制度、仓库管理员岗位责任制度、食堂管理制度、消毒更衣房管理制度等。

（1）肉羊生产制度

重视肉羊场生产中管理制度和生产责任制度。肉羊种羊和各个阶段肉羊要有相对应的饲养管理操作规程、人工授精操作规程、饲料加工操作规程、防疫卫生操作规程等。

（2）肉羊场的生产计划

为了提高效益，减少浪费，各肉羊场均应有生产计划。肉羊场生产计划主要包括肉羊周转计划、配种产羔计划、育肥计划和饲料计划等。

（3）肉羊生产的经营管理

① 目标管理。根据市场需求，确定全年肉羊的产量、质量、成本、利润及种羊扩繁等目标，并制订实施计划、措施和办法。目标管理是经营管理的核心。

② 生产管理。生产管理的内容主要包括：强化管理，精简并减少非生产人员，择优上岗；健全岗位责任制，定岗、定资、定员，明确年度岗位任务量和责任，建立岗位靠竞争、靠贡献的机制；以人为本，从严治场，严格执行各项饲养管理、卫生防疫等技术规范和规章制度，使工作达到规范化、程序化；建立并完善日报制度，包括生产等各项日报记录，并建立生产档案。

③ 技术管理。制订年度各项技术指标和技术规范，实行技术监控，开展岗位培训和新技术普及应用，及时做好数据的汇总、分析工作，并加以认真总结，建立技术档案。

④ 物资管理。肉羊场所需各种物资的采购、储备、发放的组织和管理，直接影响生产成本。因此，应建立药品、材料、低值易耗品、劳动保护等用品的采购、保管、收发制度，并实行定

额管理。

　　⑤ 财务管理。财务管理是一项复杂而政策性很强的工作，是监督企业经济活动的一个有力手段。

6. 流程化管理

　　现代规模化羊场，其周期性和规律性相当强，生产过程环环相连。因此，要求全场员工对自己所做的工作内容和特点要非常明确，做到每周每日工作事事清。

　　现代规模化羊场在建场之前，其生产工艺流程就已经确定。生产线的生产工艺流程至关重要，如哺乳期、空栏时间等都要有节律性，是固定不变的。只有这样，才能保证羊场满负荷均衡生产。

7. 规程化管理

　　在羊场的生产管理中，各个生产环节细化的、科学的饲养管理技术操作规程是重中之重，是搞好羊场生产的基础，也是搞好羊病防治工作的基础。饲养管理技术操作规程有生产操作规程、临床技术操作规程、卫生防疫制度、免疫程序、驱虫程序、消毒制度、预防用药及保健程序等。

8. 数字化管理

　　要建立一套完整的、科学的生产线报表体系，并用电脑管理软件系统进行统计、汇总及分析。报表的目的不仅仅是统计，更重要的是分析，及时发现生产上存在的问题并及时解决。

　　报表是反映羊场生产管理情况的有效手段，是上级领导检查工作的途径之一，也是统计分析、指导生产的依据。因此，认真填写报表是一项严肃的工作，应给予高度重视。各生产车间要做好各种生产记录，并准确、如实地填写周报表，交到上一级主管，查对核实后，及时送到场办并及时输入电脑。

　　羊场报表有生产报表，如种羊配种情况周报表、分娩母羊及产羔情况周报表、断奶母羊及羔羊生产情况周报表、种羊死亡淘汰情况周报表、肉羊转栏情况周报表、肉羊死亡及上市情况周报表、配种妊娠舍周报表等；其他报表，如饲料需求计划月报表、药物需求计划月报表、生产工具等物资需求计划月报表、饲料进销存月报表、药物进销存月报表、生产工具等物资进销存月报表、饲料内部领用周报表、药物内部领用周报表、生产工具等物资内部领用周报表、销售计划月报表等。

有条件的企业，还可以根据生产实践制作相应的管理软件，以方便人员和羊场开展管理工作。

9. 信息化管理

规模化肉羊场的管理者要有掌握并利用市场信息、行业信息、新技术信息的能力。作为养羊企业的管理者，应对本企业自身因素以及企业外各种政策因素、市场信息和竞争环境进行透彻的了解和分析，及时采取相应的对策，力求做到知己知彼，以求百战不殆，为企业调整战略、为顾客提供满意的高质量产品和做好服务提供依据。信息时代是反应快的企业吃掉反应慢的企业，而不是规模大的企业吃掉规模小的企业，提高企业的反应能力和运作效率，才能够成为竞争的真正赢家。在信息时代以前，一个企业的成功模式可能是：规模＋技术＋管理＝成功；但是在信息时代，企业管理不是简单的技术开发、产品生产，而是要能够及时掌握市场形势的变化和消费者的新需求，及时做出相应的反应，适应市场需求。

第二节 羊场制度、操作规程和档案管理

1. 羊场制度

羊场制度是羊场成功经营的前提，羊场制度包括羊场岗位职责、门卫制度、员工制度等。各个羊场应根据自己的实际情况建

立完善的制度。

(1) 羊场人员岗位职责

羊场人员包括负责人、办公室人员、门卫、内勤、外勤、技术员、饲养员等。应针对不同岗位，结合场内实际情况确定人员岗位职责。如总经理职责为全面负责；办公室档案管理人员的职责是为每周例会的举行制订每周例会表（表10-1）、进行每周生产数据统计汇总、基地所有事务及人员协调、来人接待等。

表 10 - 1　每周例会表

姓　名		职责		时间	
过去一周所做工作总结					
下周预期工作					
工作体会和对公司的意见及建议					

① 场长职责。生产区整体负责。每月以书面形式向总经理汇报工作进展和下月预期工作，重大决策需总经理决定。生产区内饲养管理、卫生防疫和疫病防治、羔羊育肥、繁殖、场内羊饲养管理技术监督及执行。负责羊的周转、饲喂程序和饲喂量的制订、饲养员工作情况监督。

② 兽医职责。每周以书面形式向办公室汇报1周内工作进展和下周预期工作。负责羊的防疫、场内消毒、疫病防治。

③ 繁殖技术员职责。每周以书面形式向办公室汇报1周内工作进展和下周预期工作。负责羊的发情鉴定、人工授精、助产、羔羊护理、羊的周转等。

④ 饲料生产人员职责。每周以书面形式向办公室汇报1周内工作进展和下周预期工作。

⑤ 饲养员职责。每周以书面形式向办公室汇报1周内工作

进展和下周预期工作。羊的饲喂、羊舍内及负责区的卫生和消毒、配合技术员工作。

⑥ 门卫职责。出入物品及人员登记。

⑦ 内勤职责。执行办公室安排的内部工作。

⑧ 厨师职责。负责员工全天饭菜。

⑨ 外勤职责。饲料、药物购买等工作。

（2）门卫制度

门卫制度也可根据生产实际情况制订。例如，门卫主要负责的内容包括：场内工作人员进入场区时，在场区门前进行鞋底消毒、更衣室更衣、消毒液洗手，消毒后才能进入场区。工作完毕，必须经过消毒后方可离开现场。非场内工作人员一律禁止进入场区，严禁外来车辆入内，若生产或业务必需，车身经过全面消毒后方可入内。在生产区使用的车辆、用具，一律不得外出，更不得私用。如有不按门卫制度操作者，承担全部后果。外来人员、车辆出入记录见表 10-2。

表 10-2　外来人员、车辆出入记录表

时间	姓名	证件号码及地址	来访事宜	备注

2. 操作规程

羊场操作规程是羊场成功经营的基础。羊场操作规程包括饲料生产制作规程、防疫治疗规程、繁殖操作规程等。各个羊场应根据自己的实际情况建立完善的操作规程。一是结合羊场养殖规模和饲料资源特点，制订饲料的制作方案（详细参照全混合日粮的制作）。二是结合羊场养殖环境、品种以及羊的生理特点，制订防疫治疗规程。三是结合养殖品种和规模，制订详细的繁殖计划。

3. 档案管理

羊场所有记录应准确、可靠、完整。引进、购入、配种、产羔、断奶、转群、增重、饲料消耗均应有完整记录。引进种羊要有种羊系谱档案和主要生产性能记录。饲料配方及各种添加剂使用要有记录。要有疫病防治记录和出场销售记录。上述有关资料应保留 3 年以上。

（1）种羊档案

种羊登记卡片见表 10 - 3。

表 10 - 3　种羊登记卡片

编号：＿＿＿＿＿＿＿

羊号	品种	等级	出生时间	同胎只数（只）
出生地点	父号	等级	母号	等级

（2）繁殖档案

繁殖档案见表 10 - 4 至表 10 - 7。

表 10 - 4　母羊繁殖记录卡

编号：＿＿＿＿＿＿＿

配种日期	与配公羊		分娩日期	产羔羊数（只）			
	编号	等级		公	母	死胎	合计
公羔编号	母羔编号	去向				备注	
		售出羊号	屠宰羊号	死亡羊号	留场羊号		

表 10 - 5　公羊繁殖记录卡（采精记录）

公羊号：＿＿＿＿＿＿＿＿

采精时间	采精量（mL）	活力	密度	其他	采精人员

表 10 - 6　公羊繁殖记录卡（配种记录）

公羊号：＿＿＿＿＿＿＿＿

配种母羊号	第一次配种时间	配种次数	备注（结果）	输精员

表 10 - 7　繁殖月报表

时间：＿＿＿＿＿＿＿＿　　　月份：＿＿＿＿＿＿＿＿

羊舍	配种羊数（只）	返情羊数（只）	流产羊数（只）	分娩羊数（只）	产羔数（只）	产活羔数（只）	备注	饲养员
合计								

（3）饲料生产和饲喂档案

饲料生产和饲喂档案见表 10 - 8 至表 10 - 11。

表 10 - 8　饲料生产记录表

时间	玉米	饼粕类	麸皮	预混料	青贮饲料	干草	豆腐渣	备注	合计	人员

表 10-9 饲料生产月报表

时间：_____ 月份：_____

玉米	饼粕类	麸皮	预混料	青贮饲料	干草	豆腐渣	其他	合计	人员

表 10-10 饲料使用记录表

时间	羊舍				
	饲喂量				
	饲养员				
	饲喂量				
	饲养员				

表 10-11 羊饲喂月报表

时间：_____ 月份：_____

羊舍				备注	饲养员
合计					

（4）羊管理档案

羊只管理档案见表 10-12。

表 10-12 种羊舍月报表

时间：_____ 月份：_____

羊舍	空怀配种羊数（只）	妊娠羊数（只）	分娩羊数（只）	带羔羊数（只）	种羊合计（只）	羔羊数（只）	备注	饲养员
种羊一舍								
种羊二舍								
种羊三舍								
种羊四舍								
合计								

(5) 疫病防治记录

羊场疫病防治记录见表 10 - 13、表 10 - 14。

表 10 - 13 防疫记录

时间	疫苗名称	使用方法	剂量	备注及操作人

表 10 - 14 疫病防治月报表

时间：_____   月份：_____

羊舍	发病数（只）	治疗数（只）	结果（只）				备注	饲养员
			痊愈	淘汰	死亡	其他		

(6) 育肥档案

育肥档案见表 10 - 15。

表 10 - 15 育肥舍羊月报表

时间：_____   月份：_____

羊舍	转入时间	数量（只）	转入体重	转出体重	转出时间	数量（只）	备注	饲养员
育肥一舍								
育肥二舍								
育肥三舍								
育肥四舍								
合计								

附录 肉羊标准化示范场验收评分标准

申请验收单位：		验收时间： 年 月 日			
必备条件（任一项不符合不得验收）		1. 场址不得位于《中华人民共和国畜牧法》明令禁止区域，并符合相关法律法规及区域内土地使用规划		可以验收□ 不予验收□	
		2. 具备县级以上畜牧兽医部门颁发的动物防疫条件合格证，两年内无重大疫病和产品质量安全事件发生			
		3. 具有县级以上畜牧兽医行政主管部门备案登记证明；按照农业农村部《畜禽标识和养殖档案管理办法》要求，建立养殖档案			
		4. 农区存栏能繁母羊 250 只以上，或年出栏肉羊 500 只以上的养殖场；牧区存栏能繁母羊 400 只以上，或年出栏肉羊 1 000 只以上的养殖场 5. 符合《畜禽规模养殖污染防治条例》要求			
验收项目	考核内容	考核具体内容及评分标准	满分	得分	扣分原因
一、选址与布局（14 分）	（一）选址（3 分）	距离生活饮用水源地、居民区和主要交通干线、其他畜禽养殖场及畜禽屠宰加工、交易场所 500 m 以上得 2 分；否则不得分	2		
		地势较高、排水良好、通风干燥、向阳透光得 1 分；否则不得分	1		
	（二）基础设施（4 分）	水源稳定、水质良好，有储存、净化设施得 1 分；否则不得分	1		
		电力供应充足得 2 分；否则不得分	2		
		交通便利，机动车可通达得 1 分；否则不得分	1		

（续）

验收项目	考核内容	考核具体内容及评分标准	满分	得分	扣分原因
一、选址与布局（14分）	（三）场区布局（5分）	农区场区与外界隔离得1分；否则不得分。牧区牧场边界清晰，有隔离设施得1分	1		
		农区场区内生活区、生产区及粪污处理区分开得2分，部分分开得1分；否则不得分。牧区生活建筑、草料储存场所、圈舍和粪污堆积区按照顺风向布置，并有固定设施分离得2分；否则不得分	2		
		农区生产区母羊舍、羔羊舍、育成舍、育肥舍分开得1分，有与各个羊舍相应的运动场得1分。牧区母羊舍、接羔舍、羔羊舍分开，且布局合理得2分；用围栏设施作羊舍的，减1分	2		
	（四）净道和污道（2分）	农区净道、污道严格分开得2分；有净道、污道，但没有完全分开得1分；完全没有净道、污道，不得分。牧区有放牧专用牧道1分	2		
二、设施与设备（28分）	（一）羊舍（3分）	密闭式、半开放式、开放式羊舍得3分；简易羊舍或棚圈得2分；否则不得分	3		
	（二）饲养密度（2分）	农区羊舍内饲养密度≥1 m²/只得2分；0.5～1 m²/只得1分；＜0.5 m²/只不得分。牧区符合核定载畜量的得2分，超载酌情扣分	2		
	（三）消毒设施（3分）	场区门口有消毒池得1分；羊舍（棚圈）内有消毒器材或设施得1分	2		
		有专用药浴设备得1分；没有不得分	1		

（续）

验收项目	考核内容	考核具体内容及评分标准	满分	得分	扣分原因
二、设施与设备（28分）	（四）养殖设备（16分）	农区羊舍内有专用饲槽得2分；运动场有补饲槽得1分。牧区有补饲草料的专用场所，防风、干净得3分	3		
		农区保温及通风降温设施良好得3分；否则适当减分。牧区羊舍有保温设施、放牧场有遮阳避暑设施（包括天然和人工设施）得3分；否则适当减分	3		
		有配套饲草料加工机具得3分，有简单饲草料加工机具的得2分；有饲料库得1分，没有不得分	4		
		农区羊舍或运动场有自动饮水器得2分，仅设饮水槽减1分，没有不得分。牧区羊舍和放牧场有独立的饮水井和饮水槽得2分	2		
		农区有与养殖规模相适应的青贮设施及设备得3分；有干草棚得1分，没有不得分。牧区有与养殖规模相适应的储草棚或封闭的储草场地得4分，没有不得分	4		
	（五）辅助设施（4分）	农区有更衣及消毒室得2分，没有不得分牧区有抓羊过道和称重小型磅秤得2分	2		
		有兽医室及药品、疫苗存放室得2分；无兽医室但有药品、疫苗储藏设备的得1分，没有不得分	2		

（续）

验收项目	考核内容	考核具体内容及评分标准	满分	得分	扣分原因
三、管理及防疫（28分）	（一）管理制度（4分）	有生产管理、投入品使用等管理制度，并上墙，执行良好得2分，没有不得分	2		
		有防疫消毒制度得2分，没有不得分	2		
	（二）操作规程（5分）	有科学的配种方案得1分；有明确的畜群周转计划得1分；有合理的分阶段饲养、集中育肥饲养工艺方案得1分，没有不得分	3		
		制订了科学合理的免疫程序得2分，没有不得分	2		
	（三）饲草与饲料（3分）	农区有自有粗饲料地或与当地农户有购销秸秆合同协议得3分；否则不得分。牧区实行划区轮牧制度或季节性休牧制度，或有专门的饲草料基地得3分；否则不得分	3		
	（四）生产记录与档案管理（14分）	有引羊时的动物检疫合格证明，并记录品种、来源、数量、月龄等情况，记录完整得3分，不完整适当扣分，没有则不得分	3		
		有完整的生产记录，包括配种记录、接羔记录、生长发育记录和羊群周转记录等。记录完整得4分，不完整适当扣分	4		
		有饲料、兽药使用记录，包括使用对象、使用时间和用量记录，记录完整得3分，不完整适当扣分，没有则不得分	3		
		有完整的免疫、消毒记录，记录完整得3分，不完整适当扣分，没有则不得分	3		
		保存有2年以上或建场以来的各项生产记录，专柜保存或采用计算机保存得1分，没有则不得分	1		
	（五）专业技术人员（2分）	有1名以上经过畜牧兽医专业知识培训的技术人员，持证上岗得2分，没有则不得分	2		

（续）

验收项目	考核内容	考核具体内容及评分标准	满分	得分	扣分原因
四、环保要求（20分）	（一）环保设施（7分）	有固定且足够容量与处理方式配套的肉羊粪和污水储存设施，并有防溢流、防渗漏措施得2分；有雨污分离措施得2分	4		
		有肉羊粪堆肥发酵、污水处理、沼气发酵或其他处理设施的得3分	3		
	（二）废弃物管理（4分）	粪便、污水等处理正常运行，能够达到国家、行业或地方标准规定的无害化或排放要求的得2分；对污水、粪便处理设施运行及效果进行定期监测，且记录真实、完整的得2分	4		
	（三）综合利用（7分）	对肉羊粪便污水进行综合利用的得5分；其中采用种养结合模式进行利用，且配套足够面积农田、菜地和果园的得7分	7		
	（四）病死畜无害化处理（2分）	配备有焚烧、化制、掩埋和发酵等病死肉羊无害化处理设施的得1分；或者委托当地畜牧兽医部门认可的集中处理中心统一处理，且有正式协议的得1分	1		
		有病死肉羊无害化处理记录，记录真实、完整得1分	1		
五、生产技术水平（10分）	（一）生产水平（8分）	农区繁殖成活率90%或羔羊成活率95%以上，牧区繁殖成活率85%或羔羊成活率90%以上得4分，不足的适当扣分	4		
		农区商品育肥羊出栏率180%以上，牧区商品育肥羊年出栏率150%以上得4分，不足的适当扣分	4		
	（二）技术水平（2分）	采用人工授精技术得2分	2		
合计			100		

参 考 文 献

丁伯良，2008. 羊的常见病诊断图谱及用药指南 [M]. 北京：中国农业出版社.

国家畜禽遗传资源委员会，2011. 中国畜禽遗传资源志·羊志 [M]. 北京：中国农业出版社.

国家统计局，2016. 中国统计年鉴 [M]. 北京：中国统计出版社.

冯仰廉，2004. 反刍动物营养学 [M]. 北京：科学出版社.

韩建国，2007. 草地学 [M]. 北京：中国农业出版社.

黄勇富，2004. 南方肉用山羊养殖新技术 [M]. 重庆：西南师范大学出版社.

李文杨，董晓宁，刘远，等，2015. 山羊健康养殖技术 [M]. 福州：福建科学技术出版社.

李文杨，刘远，陈鑫珠，等，2017. 山羊舍饲高效养殖技术 [M]. 福州：福建科学技术出版社.

刘继军，贾永全，2008. 畜牧场规划设计 [M]. 北京：中国农业出版社.

刘金祥，2004. 中国南方牧草 [M]. 北京：化学工业出版社.

刘守仁，2008. 从南方养羊的一些往事谈起 [J]. 草业科学，25（9）：38-39.

权凯，2014. 羊场经营与管理 [M]. 郑州：中原农民出版社.

王怀友，2003. 优质山羊养殖与疾病防治新技术 [M]. 北京：中国农业科学技术出版社.

王惠生，王清，2012. 波尔山羊科学饲养技术 [M]. 北京：金盾出版社.

王金文，2010. 肉用绵羊舍饲技术 [M]. 北京：中国农业科学技术出版社.

王兴菊，2011. 山羊常用饲料瘤胃降解率的研究 [D]. 重庆：西南大学.

吴仙，2009. 不同饲料山羊瘤胃降解率及其对瘤胃内环境影响研究 [D]. 贵阳：贵州大学.

徐刚毅，2010. 天府肉羊新品系选育及关键配套技术研究 [M]. 北京：中国农业科学技术出版社.

谢喜平，江斌，2010. 山羊健康饲养新技术 [M]. 福州：福建科学技术出版社．

熊小燕，徐恢仲，张继攀，等，2016. 中国南方养羊业的发展现状、潜力和建议［J］. 中国草食动物科学：58-62.

薛瑞，权松安，2012. 陕北白绒山羊舍饲高效养殖技术［M］. 杨凌：西北农林科技大学出版社．

杨富裕，王成章，2016. 食草动物饲养学［M］. 北京：中国农业科学技术出版社．

岳文斌，任有蛇，赵祥，等，2006. 生态养羊技术大全［M］. 北京：中国农业出版社．

张沅，2001. 家畜育种学［M］. 北京：中国农业出版社．

张子军，李秉龙，2012. 中国南方肉羊产业及饲草资源现状分析［J］. 中国草食动物科学，32（2）：47-51.

赵兴绪，2008. 羊的繁殖调控［M］. 北京：中国农业出版社．

赵有璋，2000. 羊生产学［M］. 北京：中国农业出版社．

赵有璋，2005. 现代中国养羊［M］. 北京：金盾出版社．

图书在版编目（CIP）数据

南方肉羊经济养殖配套技术 / 刘远等编著 . —北京：
中国农业出版社，2019.12
　ISBN 978 - 7 - 109 - 26303 - 1

　Ⅰ.①南…　Ⅱ.①刘…　Ⅲ.①肉用羊-饲养管理
Ⅳ.①S826.9

中国版本图书馆 CIP 数据核字（2019）第 267319 号

中国农业出版社出版

地址：北京市朝阳区麦子店街 18 号楼
邮编：100125
责任编辑：刘　伟　杨晓改　　文字编辑：耿韶磊
版式设计：张　宇　　责任校对：周丽芳
印刷：中农印务有限公司
版次：2019 年 12 月第 1 版
印次：2019 年 12 月北京第 1 次印刷
发行：新华书店北京发行所
开本：850mm×1168mm　1/32
印张：7　　插页：8
字数：200 千字
定价：49.80 元
